U0071881

孟老師的麵食小點

孟兆慶・著

延續中式麵食的美味！

五年多前，出了《孟老師的中式麵食》一書，受到讀者們熱烈歡迎，記得當時的簽書會暨示範課，前前後後連辦了24場還欲罷不能；由此確信，很多人對於中式麵食是充滿興趣的，同時也看到大家從中學到不少麵食製作的技巧。

直到現在，仍有許多海內外的讀者們看著《孟老師的中式麵食》這本書，興致勃勃地在家做麵食，無論是包子、饅頭、蔥油餅……，還是再創新的作品，大多非常成功；透過網路所分享的製作經驗，不但影響身邊的人也樂於動手做麵食，而且更享受難能可貴的成就感。

然而，也有不少人認為做中式麵食，具有挑戰性，甚至覺得無法輕易上手，值得一說的是，即便是作品三番兩次地出現「瑕疵」，但始終澆不熄再度挑戰的熱情與毅力；觀察發現，尤其是包子、饅頭這些發酵類的產品問題最多……像是「包子皮為什麼縮了？」、「饅頭為什麼又皺了？」……等等。事實上，很多人遇到這些相似的問題，只要被提醒製程上的某些「小細節」後，大多能夠迎刃而解，做出令人滿意的作品。

說到中式麵食的產品變化，終究不離「水調麵食」及「發酵麵食」兩大類；只要有麵粉、水及酵母，即能變出許多「成品」；因此當年在製作《孟老師的中式麵食》一書時，不可能就此將中式麵食畫上句點。於是一直以來，腦中不斷浮現許多知名的、傳統的以及地方性的麵食小點，必須要找機會「現身」一番。

現在終於如願以償，延續《孟老師的中式麵食》，必定要與廣大的讀者們分享《孟老師的麵食小點》；同樣地，還是在兩大類麵食變化下，有主食有點心，有甜有鹹；重點是，本書中的精神，強調舉一反三，觸類旁通的創意，會讓你越做越有趣；當然在用料單純的優勢下，非常符合家庭DIY的便利性，同時也適合接單做生意喔！

此外根據過去教學經驗，並綜觀大家在製作上的盲點或疏忽之處，也在本書中加強說明，其中的「饅頭總複習」及「包子總複習」等製作要點，希望對讀者們確實提點。請相信，製作中式麵食的門檻並不高，只要建立正確的製作「觀念」，並確實掌握製作原則，想要做出完美的成品，易如反掌呀！

孟兆慶

Contents

目　錄

延續的美味

水調類麵食

發酵類麵食

延續的美味

延續《孟老師的中式麵食》一書，還有更多的美味值得品嚐，無論是知名的傳統麵食，還是地方性的人氣小吃，都讓人領略中式麵食的無窮變化；因此，同樣在水調麵食及發酵麵食分類下，不斷觸類旁通，而製成各式產品，有主食，有點心，有甜有鹹，有粗獷的大餅，也有精緻的小點，看似大同小異的用料，卻在煎、烙、煮、蒸、炸及烤的不同製程下，呈現意想不到的口感體驗；重點是，本著家庭DIY的製作模式，只要照著本書，按部就班地製作，必能順利完成各式麵食小點。

水調麵糰VS.發酵麵糰

本書中的食譜，分別是以水調麵糰及發酵麵糰製成，簡述如下：

麵粉＋水＝水調麵糰

所謂「水調麵糰」，就是麵粉加水搓揉而成的麵糰。通常，是以一般常溫自來水（約25°C）製作，而水量的多寡，直接影響成糰後的軟硬度；然而隨著水溫的升高，麵粉的吸水量也會隨之增加，主因是麵粉中的澱粉受熱，所產生的糊化作用；因此，「水溫」的高低，影響麵粉的吸水性。

利用「水量」及「水溫」的功能，造就不同質地的水調麵糰，而做出不同口感的各式麵食，可視為「水調類麵食」，例如：麵條、蔥油餅、水餃皮、鍋貼的皮及蒸餃的皮等，請看p.33-37（請參考本書第182頁，收錄了《孟老師的中式麵食》中的韭黃鮮肉鍋貼的食譜）。

麵粉＋水＋酵母（或另加麵種）＝發酵麵糰

除了麵粉及水兩項材料之外，若再添加「酵母」或另加「麵種」，混合搓揉而成的麵糰，即稱「發酵麵糰」；其中的「水」只能用一般常溫自來水，不可將水加溫製作，但發酵麵糰內，如另加冷卻的全燙麵，則是不同的意義（p.37第一段說明）。

利用不同水量及酵母（或另加麵種）用量，製成不同鬆軟度的麵糰，可做出種類繁多的「發酵類麵食」，例如：饅頭、包子及各式烙餅等，請看p.95-109。

麵糰怎麼揉？

要特別注意，必須掌握發酵麵糰的揉麵技巧，儘量在短時間內，將麵糰揉成理想狀態。

當乾濕材料在容器內混合後，即可取出放在案板上，首先將鬆散的麵糰用力聚合，並持續搓揉；揉麵時，雙腳與肩同寬，一前一後站立，身體須配合雙手揉麵的動作，上半身微微向前傾斜，用手掌不停地搓揉，反覆地將麵糰以推出、捲入、壓揉的方式，將麵糰揉到光滑狀。

如以機器攪拌麵糰，則利用鈎狀攪拌器，全程以慢速攪拌，速度不可過快，以免拌入過多空氣，而不利於麵糰擀壓整形的動作。

麵糰中的水量多寡與麵糰軟硬度成正比，麵粉的吸水量也往往與麵粉品牌、筋性或新舊有關；因此揉麵時，可適度增減水分，當麵糰稍乾時，應當以「微調」方式，添加少量水分，反之，麵糰稍微濕軟時，也是酌量加入麵粉。

提醒

如材料中有不同的素材或配料（例如：p.68「麥香軟餅」中的全麥麵粉、p.118「黑芝麻紅糖大餅」中的黑芝麻粒等），或是兩種不同屬性的麵糰一起搓揉（例如：p.148「香Q軟餅」中的全燙麵加發酵麵糰、p.92「蛋香脆餅」中的全燙麵加冷水麵），必須適時地將麵糰**分成數小塊**再搓揉，較能快速揉勻。

麵糰該撒粉，還是抹油？

無論製作水調麵食或發酵麵食，都會依照麵糰特性及熟製方式，將麵糰做適當的「防沾」處理；因此，從麵糰搓揉（攪拌）完成到分割、整形、鬆弛及包餡等，都會適時地做撒粉或抹油的動作。有所謂「麵案」及「油案」，**麵案**，表示在案板上撒粉操作，**油案**，則表示在抹過油的案板上操作。所以，任何不同屬性的麵食，在製程中，都必須避免麵糰沾黏，才能順利完成。

麵糰該撒粉→麵案

基本條件如下：

◎**要水煮的麵糰→**例如：冷水麵糰的「菜肉餛飩」、「水餃」及「麵條」等。

◎**要乾烙的麵糰→**例如：發酵麵糰的「黑芝麻紅糖大餅」、「棗泥大鍋餅」等。

◎**要蒸製的麵糰→**例如：發酵麵糰的饅頭類、水調麵的蒸餃類等。

◎**為了包餡方便→**例如：發酵麵糰的「蔥燒包」、水調麵的「千層肉餅」及「三角洋蔥餅」等。

但有些質地柔軟的麵糰，很容易包餡，同時為了避免撒粉後麵糰會變硬，因此操作時，直接在案板上抹油即可，例如：p.46「糖鼓燒餅」、p.64「酥炸蔥肉餅」等。

麵糰該抹油→油案

基本條件如下：

◎**「麵糰+油酥」的做法→**例如：發酵麵糰的「麻醬小燒餅」及「胡椒餅」，水調麵糰的「蘿蔔絲餅」等。

◎**濕度高的半燙麵、全燙麵及冷水麵（非水煮、乾烙、蒸製時）→**例如：水調麵糰的「糖鼓燒餅」及「芝麻燒餅」等。

◎**油煎、油烙及油炸的麵糰→**例如：發酵麵糰的「香Q軟餅」及「蛋黃麻糰」，水調麵糰的「蔥油手抓餅」等。

提醒

◆為了能順利擀皮或包餡，而在麵糰上撒粉操作，但在入鍋蒸製、油煎或油炸時，都要將多餘的麵粉刷掉。

◆其他相關說明，請看《孟老師的中式麵食》一書中的p.22。

麵糰分割

分割後的小麵糰亦稱「劑子」，因此分割的動作又稱為「下劑子」。麵糰成形前，必須分割成數等分，力求大小一致，這是為了熟製效果或成品美感；任何屬性的麵糰，在分割前都必須先搓成長條狀或擀捲成圓柱體，粗細一致時，才有助於均等分割。

用刮板切割

◆切割成大麵糰

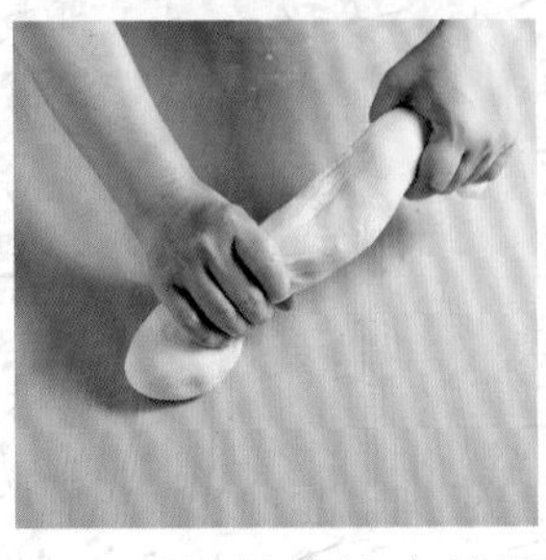

❶如要切割成較大的麵糰（例如：p.130「酒釀紅豆餅」），先將麵糰用雙手搓長。

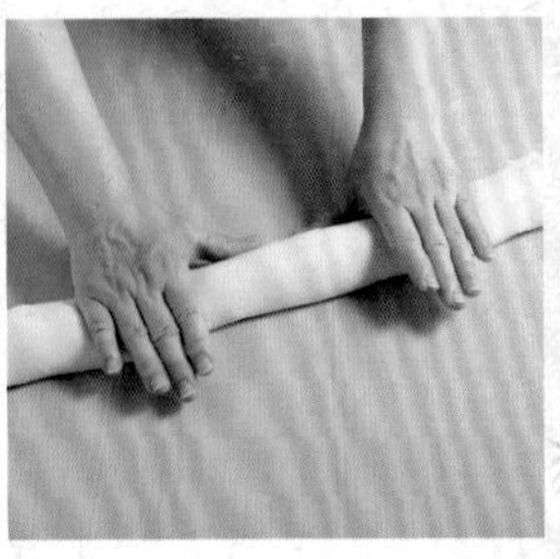

❷再放在案板上（不要撒粉），從麵糰中心處向兩邊延伸搓揉，儘量粗細一致。

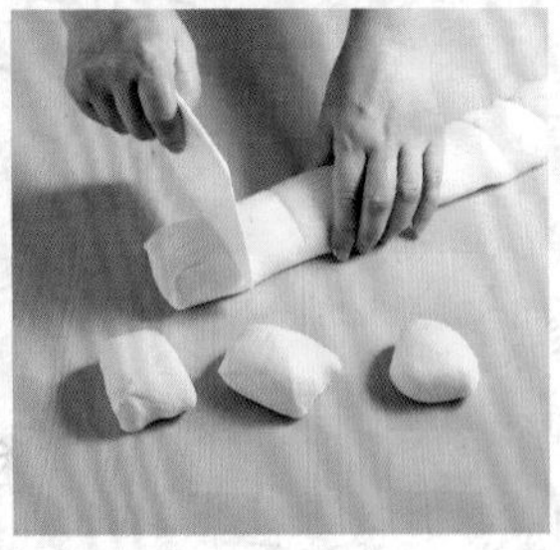

❸揉成適當長度後，再用刮板均等切割。

提醒

製作刀切法饅頭時，則將麵糰先整成圓柱體，較易控制大小（p.101「刀切法」）。

◆切割成小麵糰

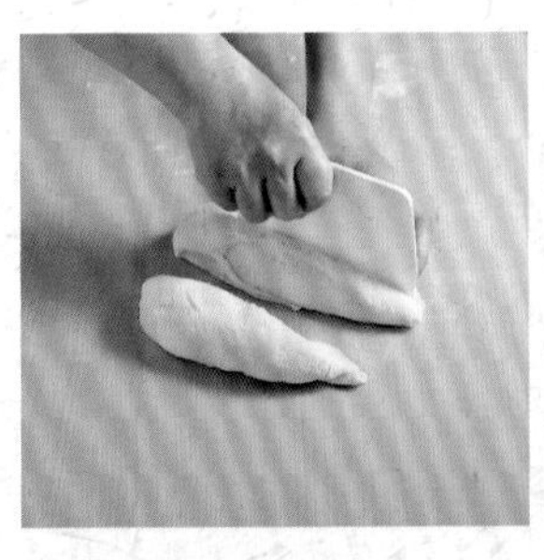

❶有些較小的麵點，必須以小麵糰製作，分割時，如麵糰較大時，就用刮板先切成二、三條。

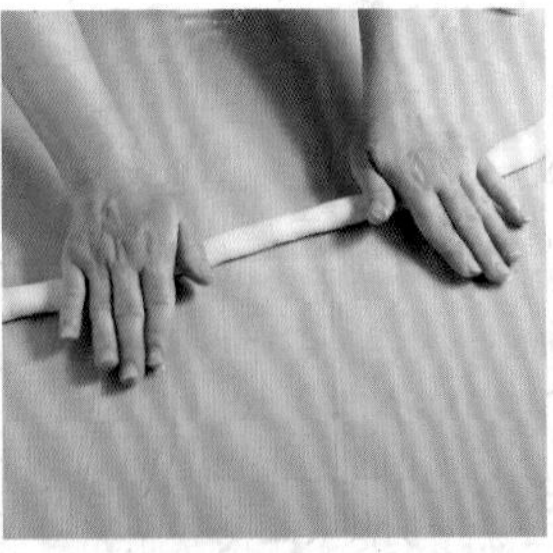

❷再分別放在案板上（不要撒粉），從麵糰中心處向兩邊延伸搓長，儘量搓成粗細一致的細條狀。

❸粗細均勻後，再用刮板以**滾刀法**切成小塊。

提醒

滾刀法：每切完一刀，都要將麵糰向內（或向外）轉一下角度，再切下一刀。

用手揪成小塊

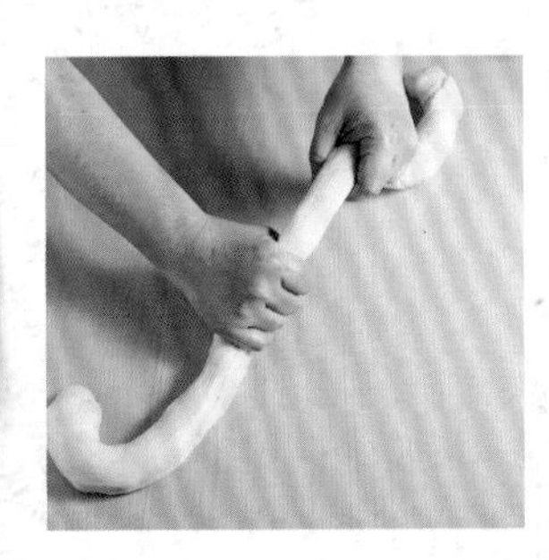

❶先將麵糰用雙手搓長。

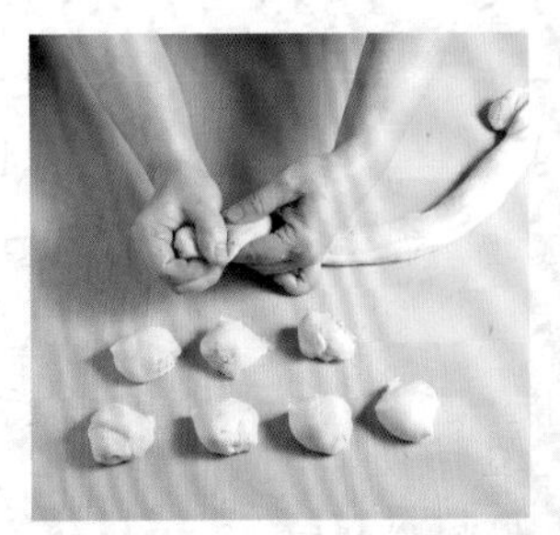

❷依「切割成小麵糰」做法2，揉成適當長度且粗細一致後，再一手抓著長麵糰，另一手握住麵糰前端，以拇指及食指俐落地掐下。

擀麵糰

製作各類型的麵食，幾乎都以**圓形**、**橢圓形**及**長方形**（或正方形）做延伸變化；擀製任何形狀的麵皮，力道都要平均，以下是基本的擀麵方式：

◆圓形

❶先將麵糰壓平。

❷再從麵糰中心處分別向周圍擀開。

❸如製作圓形餅類，要控制好力道，擀成需要的厚度或大小即可。如需要包餡時，則必須擀成中間厚、周圍薄的麵皮。

◆橢圓形

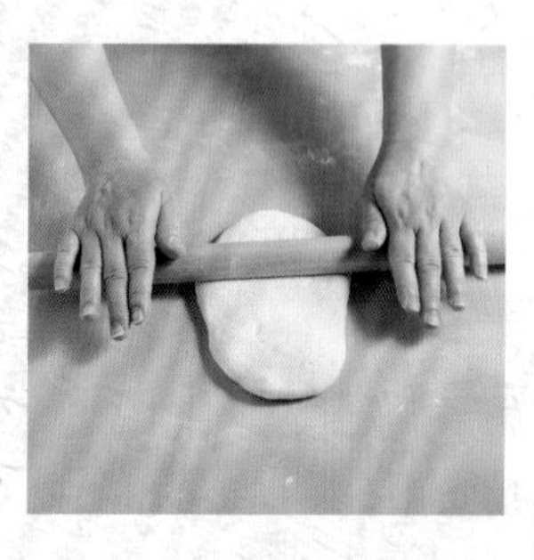

依圓形做法，先將麵糰壓平，再從麵糰中心處分別向上、下擀開，控制好力道，擀成需要的長度或厚度即可。

◆長方形（或正方形）

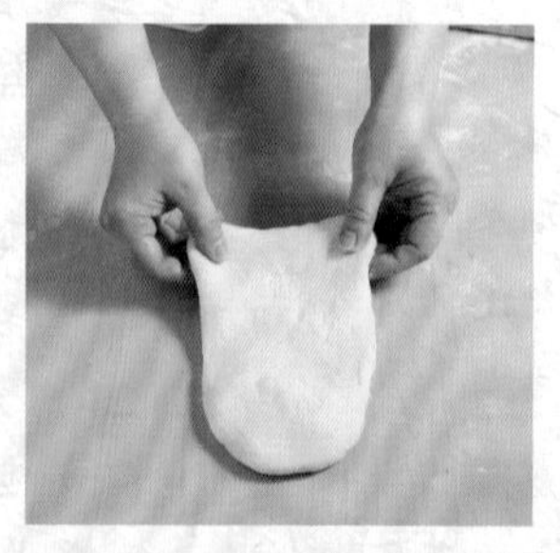

❶先擀成橢圓形，再順著筋性拉開四個角。

❷接著再向四個角擀開。

❸可用刮板輔助，推整麵糰成為工整角度。

餅的整形方式

任何類型的餅，無論包餡與否，都必須做適當的「整形」動作；從單純的麵糰擀平、搓揉、包餡，到各式摺疊等手法，都會影響成形後的外觀與口感，本書中有數款不同造型及風味的「餅」，其整形方式非常簡單，也可依個人喜好，變換其中的麵糰或餡料。

螺旋狀

方式：長方形麵皮上鋪餡，捲成長條狀（或圓柱體）後，再盤成螺旋狀；例如：p.118「黑芝麻紅糖大餅」。

應用：可利用任何麵糰，包入各式餡料，皮餡分明。

提醒

◆**做法6**：盤成螺旋狀時，儘量留些膨脹空間，不要捲太緊。

◆**做法7~8**：將麵糰擀開時，必須順著筋性慢慢地擀，不要急著一次擀開，以免擠壓爆餡。

做法

❶將餡料鋪在長方形麵皮上，麵糰四周留約1公分不要鋪餡。

❷如餡料呈現鬆散狀時，必須用手輕輕地壓平，儘量與麵皮黏合。

❸將麵糰一端壓扁，並刷上少許清水，以利麵糰黏合。

❹將麵糰捲成圓柱體，儘量密合，不要有空隙。捲好後，將封口黏緊。

❺再用雙手抓著麵糰，輕輕地搓長（不要在案板上滾動，以免餡料爆開），並將內部空氣擠出，成粗細均等的長條麵糰。

❻麵糰放在案板上（視需要抹油或撒粉），蓋上保鮮膜，在室溫下鬆弛約10分鐘後，再慢慢地盤成螺旋狀，並將麵糰的尾端捏扁再塞入底部。

❼以水調麵糰製作時，鬆弛約5~10分鐘，即可將麵糰擀開（擀薄），接著入鍋熟製。

❽如果是發酵麵糰，則蓋上保鮮膜，在室溫下鬆弛約5~10分鐘後，再輕輕地從麵糰中心向周圍擀開，接著再發酵約15~20分鐘，即可入鍋熟製。

三角形

方式：將麵糰擀成圓形麵皮，再以圓形分成4等分的概念，依序摺成三角形；依此類推，也可將圓麵皮分成更多的等分來摺疊，而呈現更多的層次，當然也可將麵糰擀成正方形麵皮，同樣分成4等分，依序摺疊而成正方形的產品。

應用：可利用任何麵糰，包入任何餡料，例如：p.44「三角洋蔥餅」。

做法

❶將餡料鋪在圓形麵皮上約3/4的面積，剩餘的1/4部分不要鋪餡料，麵糰四周留約1公分不要鋪餡料。

❷在未鋪餡料的麵皮邊（其中一邊），用刮板切開。

❸再將切開的麵皮掀開，蓋在餡料上。

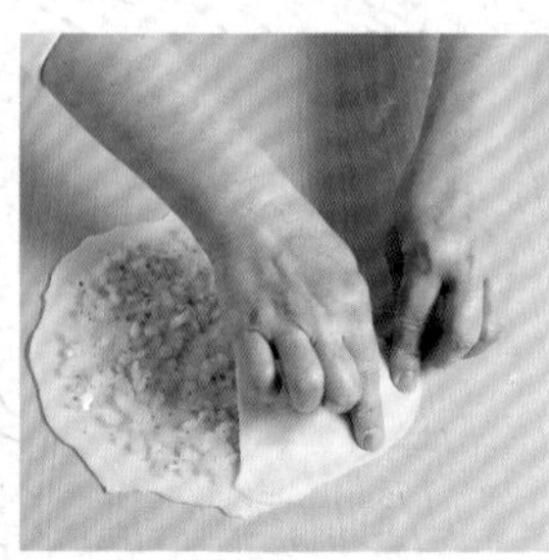

❹將兩片麵皮確實黏合，即成第一個包餡的三角形。

❺接著將三角形輕輕地提起，蓋在旁邊的餡料上。

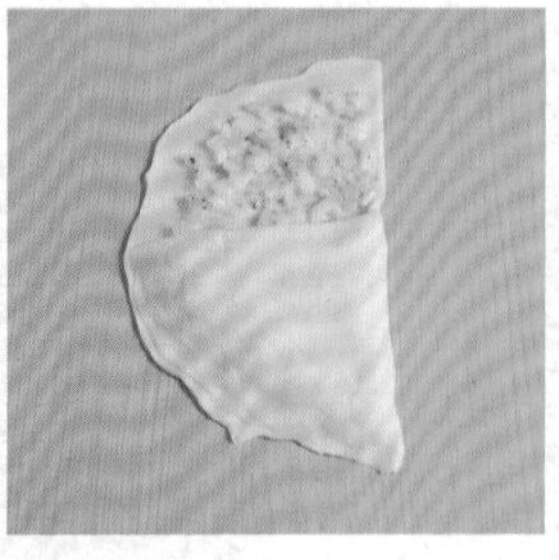

❻同樣要將封口黏合，此時的三角形，即有2層的餡料。

❼接著與做法5相同的動作，蓋在旁邊的餡料上。

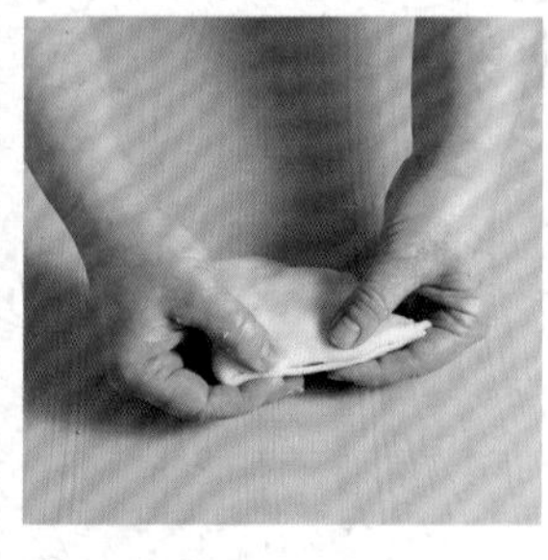

❽最後將封口確實黏合即可。

❾以水調麵糰製作時，成形後鬆弛約5分鐘即可入鍋煎製，如果是發酵麵糰，則必須進行最後發酵，約15~20分鐘（發酵時間依當時發酵環境溫度及個人喜好的口感而定），才可入鍋熟製。

摺方塊

方式：將麵糰擀成長方形（或正方形），反覆摺擀後，變成小方塊，最後再擀成薄片狀；例如：p.148「香Q軟餅」。

應用：可利用任何麵糰，儘量包入水分少的餡料，或單純在麵皮上調味（油、鹽及胡椒粉）即可。

做法

❶在長方形麵皮上，抹油並撒上調味料。

❷利用刮板將麵皮鏟起向內摺（約摺5次）成長方形，摺的次數越多，成品層次就越多。

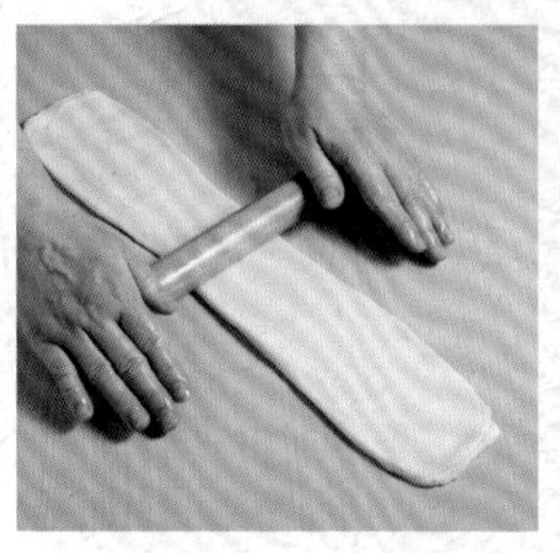

❸將長方形的麵糰輕輕地壓平，再繼續擀薄。

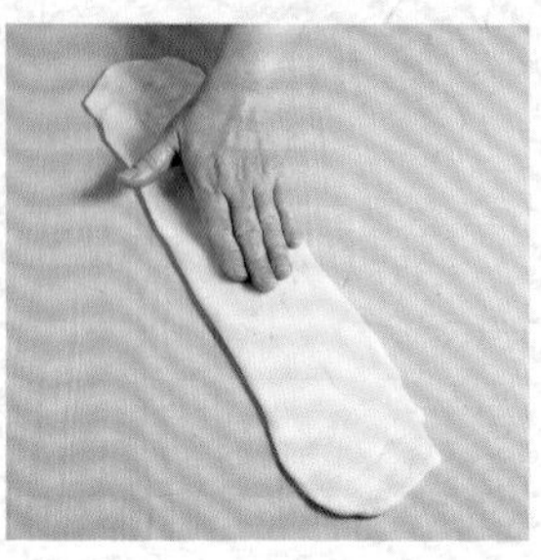

❹接著在麵皮上抹油，成品才會有層次。

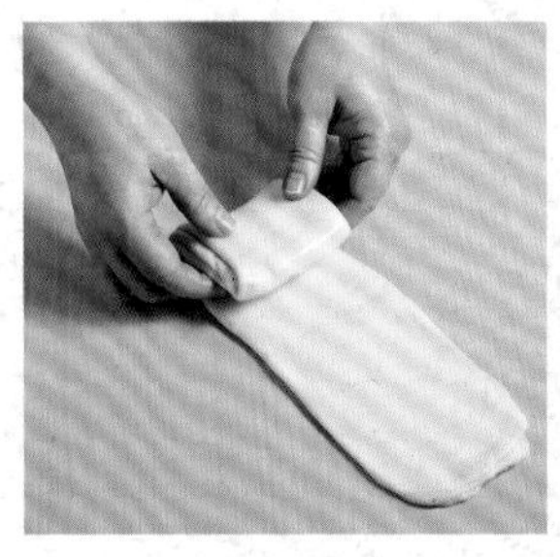

❺再摺成正方形（或長方形），放在室溫下鬆弛約15分鐘。

❻擀捲之後，一定要確實鬆弛，才能進行下一個動作。

❼將麵糰壓平，再擀成厚約0.5公分（或個人偏好的厚度）的片狀。

❽以水調麵糰製作時，成形後鬆弛約5分鐘即可入鍋煎製，如果是發酵麵糰，則必須進行最後發酵，約15~20分鐘（發酵時間依當時發酵環境溫度及個人喜好的口感而定），才可入鍋熟製。

三分法

請見DVD中「蔥花大餅」示範

方式：將麵糰擀成正方形（或長方形），分成3等分，在中間部分鋪上餡料，再摺成長方形，繼續做重複動作，即呈現多層次的效果，例如：p.126「蔥花大餅」。

應用：可利用任何麵糰，可包入各式餡料，層次多且皮餡分明。

做法

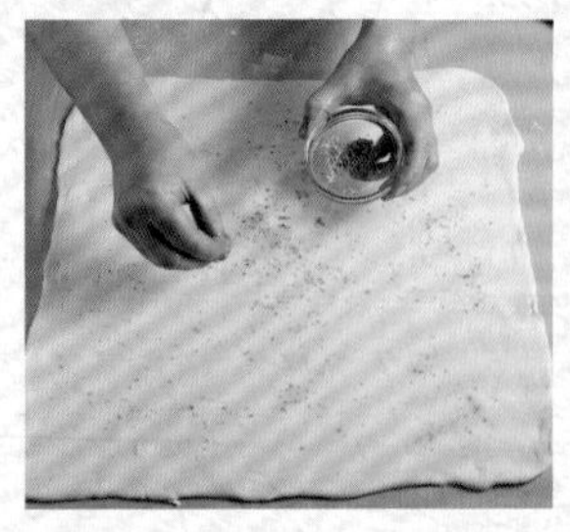

❶在正方形（或長方形）麵皮上，抹油並撒上調味料。

❷將餡料（如蔥花）鋪在麵皮中心處（約1/3的面積），兩側邊緣留約1公分不要鋪餡料。

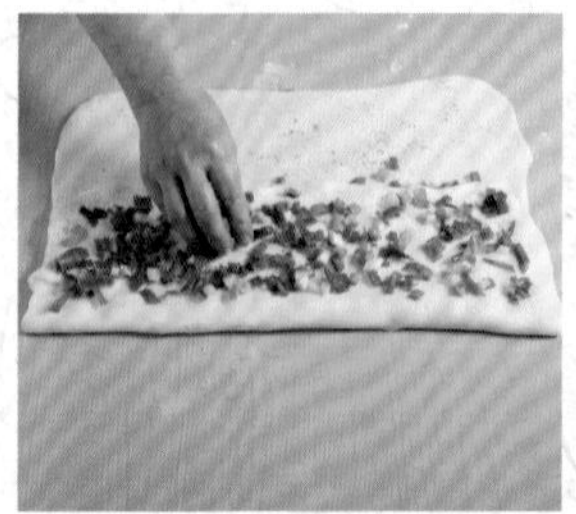

❸將一側的麵皮反摺蓋在蔥花上，並在反摺的麵皮上抹油並鋪滿餡料。

❹接著將另一側的麵皮反摺蓋在蔥花上。

❺將封口處確實地黏緊。

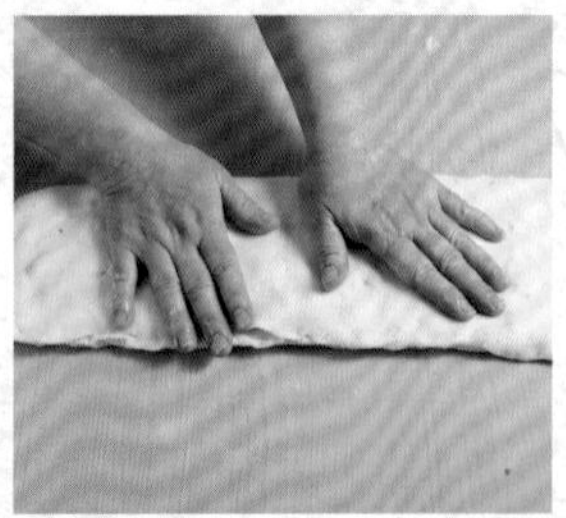

❻用手輕壓麵糰，擠出空氣並整平，稍微拉開讓面積變大些。

❼在長方形的麵糰上，均勻地抹油並撒上調味料。

❽接著將餡料鋪在麵皮中心處（約1/3的面積）。

❾將一側的麵皮反摺蓋在蔥花上，並在反摺的麵皮上鋪滿餡料。

❿再將另一側的麵皮反摺蓋在餡料上，並將封口黏緊。

⓫將四個角塞入底部並用雙手搓圓（也可省略此動作，成為正方形麵糰），在室溫下鬆弛約10分鐘。

⓬輕輕從麵糰中心向周圍擀開，儘量厚薄一致，發酵10~15分鐘，再入鍋熟製（水調麵製作時，成形後鬆弛約5分鐘即可入鍋熟製）。

九摺法

方式：將麵糰擀成圓片狀，鋪上餡料後，再分成9個區塊，再依序摺疊成長方形，即呈現多層次的效果，例如：p.42「千層肉餅」。

應用：摺疊次數較多，最好以水調麵糰製作；如以發酵麵糰包餡製作，必須將麵糰儘量擀薄，以免過厚不易擀開。

做法

❶將餡料鋪在圓形麵皮上，再用湯匙輕輕地將餡料壓入麵糰內，邊緣留約1公分不要鋪餡料。

❷在圓麵皮的左右兩邊各切2個平行刀口，長度與間隔分別是整個圓面積的1/3等分位置。

❸將切口處的麵皮向左反摺，蓋在3等分的中心部分。

❹再將另一側的麵皮向右反摺，完成第一次的摺疊動作。

❺將第一次摺疊的麵糰向內摺。

❻再將兩側切口處的麵皮向內反摺，蓋在中間的麵皮上。

❼兩側麵皮反摺完成，即成長方形麵糰。

❽與做法5相同的動作，將長方形麵糰向內摺。

❾與做法6、7相同的動作，分別將兩側麵皮向內摺。

❿反摺完成後，將麵皮稍微拉齊，再將封口黏合。

⓫將封口朝下，蓋上保鮮膜，放在室溫下鬆弛約10分鐘。

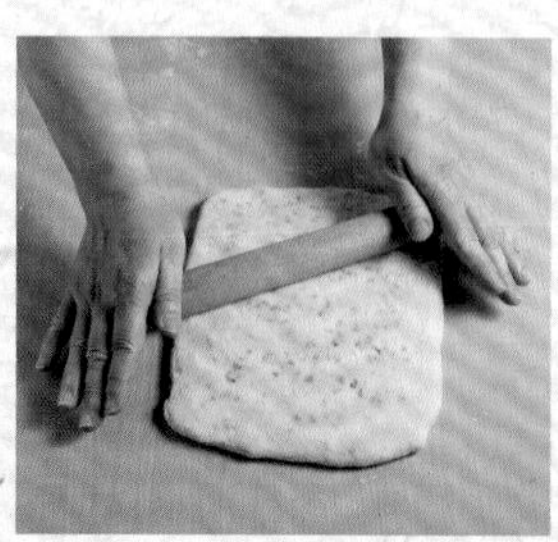

⓬鬆弛後，可刷上蛋液，沾上生的白芝麻（也可省略），將麵糰擀薄，再入鍋熟製。

油酥

本書所說的「油酥」，是指油脂與麵粉的混合物，分別用於不同需求的麵點上；當麵糰（皮）內裹著「油酥」，經多次摺擀後，皮與油相間重疊，而讓成品具備層次效果與酥鬆性（請看p.20「麵糰＋油酥」的相關說明）。

書中食譜所使用的「油酥」，分別有不同做法，有簡易型的——只要將麵粉與沙拉油拌合即成的「稀油酥」及「軟油酥」(一)，也有加強香氣的——將麵粉炒香、油加熱組合而成的「軟油酥(二)」及「蔥油酥」。

這4種油酥中，**稀油酥**適合塗抹，其他3種——**軟油酥(一)**、**軟油酥(二)**及**蔥油酥**等，都可依麵糰需要，調整麵粉量或油量，製成固態狀（適合分割）及軟滑狀（便於塗抹）的質地。

稀油酥

請見DVD中「雞蛋灌餅」示範

特性：呈流質狀，可用刷子或手輕易塗抹於麵皮上。

用途：任何需要層次效果的麵點，或是黏合的2張麵皮，蒸熟後很容易撕開，都可利用稀油酥，例如：p.40「雞蛋灌餅」及p.54「春餅」。

材料

中筋麵粉10克、沙拉油10克

做法

將中筋麵粉及沙拉油混合，攪成均勻的流質狀。

提醒

用任何不同油脂（如橄欖油、葵花子油、花生油、豬油……等），與麵粉調合後，質地必須稀軟具流性，以能輕易塗抹於麵皮上為原則。

軟油酥(一)

特性：呈固態狀，觸感柔軟，麵粉與油脂（未加熱）混合成糰即可使用。

用途：任何需要層次效果的麵點，不同屬性的麵糰都能與軟油酥(一)結合（請看p.20），例如：p.76「蘿蔔絲餅」及p.120「紅糖燒餅」。

材料

低筋麵粉100克、沙拉油40克（請依據書內食譜所需材料）

做法

將低筋麵粉過篩後，再與沙拉油混合攪匀即可。

提醒

用任何不同油脂（如橄欖油、葵花子油、花生油、豬油……等），與麵粉調合後，軟硬度必須接近所搭配使用的麵糰。

軟油酥(二)

特性：與上述「軟油酥(一)」不同之處，是油脂必須先加熱，再與炒過的麵粉混合成糰；顏色較深，且具有香氣。

用途：不同屬性的麵糰都能與「軟油酥(二)」結合（請看p.20），且任何需要層次效果或特殊油香的麵點，加入「軟油酥(二)」較好，例如：p.56「芝麻燒餅」。

材料

中筋麵粉90克、沙拉油60克（請依據書內食譜所需材料）

請見DVD中「芝麻燒餅」示範

做法

❶中筋麵粉用小火炒至稍微上色即熄火。

❷沙拉油加熱至約160~170℃，沖入炒好的麵粉中，用鍋鏟炒匀。

❸炒匀後，呈稀軟狀，可方便塗抹，適合製作大包酥的麵點（請看p.20「大包酥」），例如p.56「芝麻燒餅」。

蔥油酥

特性：與p.16「稀油酥」類似，都是流質狀，可用刷子或手輕易塗抹於麵皮上；差別在於「蔥油」是熱油中加了蔥白，以小火爆香而成的香蔥油。

用途：不同屬性的麵糰都能與「蔥油酥」結合，且任何需要層次效果或蔥油香氣的麵點，都可加入「蔥油酥」，例如：p.38「蔥油手抓餅」。

材料

沙拉油50克、蔥段（白色部分）20克、中筋麵粉35克

做法

❶炒鍋稍微加熱後，倒入沙拉油，將蔥段擦乾水分後，再放入爆香。

❷用小火煸炒至蔥段變成金黃色即熄火。

❸將蔥段取出，接著將熱油慢慢倒入麵粉內，邊倒邊攪。

❹將熱油及麵粉攪勻，呈現細緻的流質狀。

提醒

◆蔥段煸炒前，必須用廚房紙巾擦乾水分，以免加熱時油爆過劇，並可將蔥段縱切數刀，較易釋放香氣。

◆蔥油酥可加鹽及白胡椒調味（麵皮整形時，則可省略撒鹽及胡椒粉的動作），剩餘的蔥油酥密封後，冷藏保存約7天；使用時，必須先攪勻再取出需要的用量。

沙拉油 ➜ 任何液體油均可

書中提到的「沙拉油」，泛指一般液體油，因此不是非用沙拉油不可；事實上，為了香氣及香酥口感，如以「豬油」製作油酥，效果更好。但要注意，不同的油脂，對麵粉而言，其吸油性會有差異，請讀者們注意p16～18的做法、p20～22「大包酥」及「小包酥」所需的油酥特性，以便調整用料的分量。

餡料的份量掌控

任何有餡料的麵點，皮與餡兩者的用量比例，絕對影響品嚐時的可口度；不管使用什麼樣的麵糰，總希望包入飽滿的餡料。但是在包餡時，如果無法掌控每一次的用量，有可能成品內的餡料就會多寡不一，甚至最後會出現剩餘過多或不足的狀況。

如要確實掌握包餡時的用量，可在餡料製作完成時，將全部餡料秤重，再除以麵糰的總個數，即能有效控制餡料的用量。例如：p.156「核桃起士烙餅」的餡料製作完成後，總重約169克，要製作6個成品，

即169克÷6＝約28克

表示每份麵糰需包入約28克餡料，包餡時，只要秤取所需餡料於小容器中，再包入麵糰內即可（圖❶）。如乾爽的材料，則可先均分（圖❷），冷藏備用，例如：p.130「酒釀紅豆餅」及p.134「紫薯甜包」。

❶

❷

麵糰＋油酥

「麵糰」與「油酥」結合，可製成各式酥皮類麵點，此處所指的「麵糰」，即大家熟知的「水油皮」——麵粉、水及油混合而成的「水油皮麵糰」，可做出很多知名的酥皮點心，例如：蛋黃酥、咖哩餃、老婆餅……等；但書中的食譜，除了有水油皮麵糰（半燙麵）與油酥的結合（例如：p.74「蟹殼黃」及p.76「蘿蔔絲餅」），也有利用發酵麵糰包入油酥，製成各式麵點（例如：p.144「胡椒餅」）。

將p.16～18各式的油酥包入麵糰中，再以擀、捲（或摺）的方式整形，而造就成品的酥皮層次與香酥的口感，其方法分成「大包酥」及「小包酥」，請看以下說明：

大包酥

請見DVD中「芝麻燒餅」示範

方式：麵糰擀成薄片狀，再抹上質地細滑的軟油酥，捲成長條狀後，再均分成數等分；例如：p.56「芝麻燒餅」，而p.142「麻醬小燒餅」雖然不是包入油酥（是包入麻醬餡），但也是大包酥的操作方式。

特性：將油酥一次包入麵糰內，再分割成數等分，快速又方便，但份量大小不夠精準；但必須注意，**以大包酥製作時，軟油酥的質地必須要細滑（p.17「軟油酥(二)」），不可過硬，否則不易擀開**，所以同樣是利用「軟油酥(二)」的「蟹殼黃」（以小包酥製作），兩者的油酥軟硬度是不同的。

做法（以p.56「芝麻燒餅」為例）

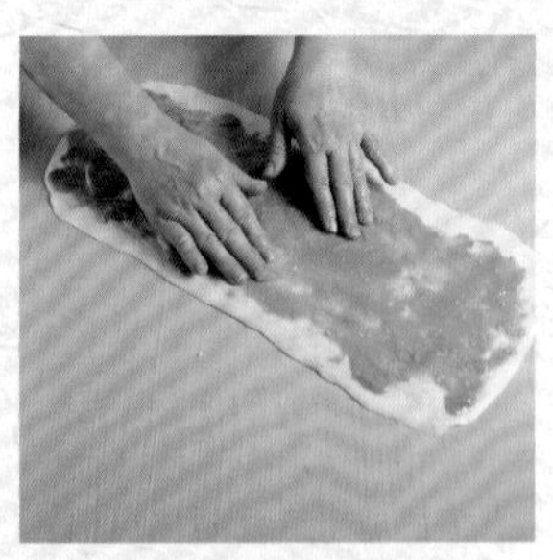

❶將麵糰擀成長方形，再鋪上油酥。

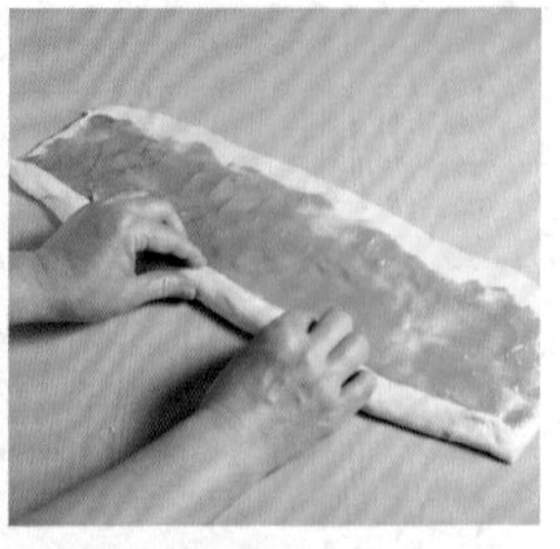

❷將麵皮捲成長條狀，並將封口黏緊。

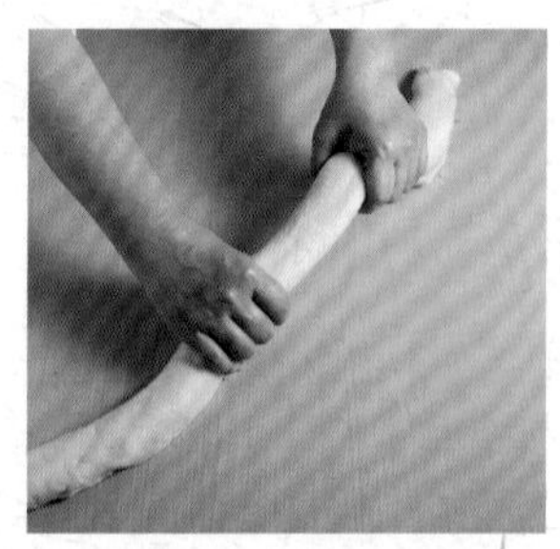

❸用雙手輕輕地捏勻，儘量將內部空氣擠出。

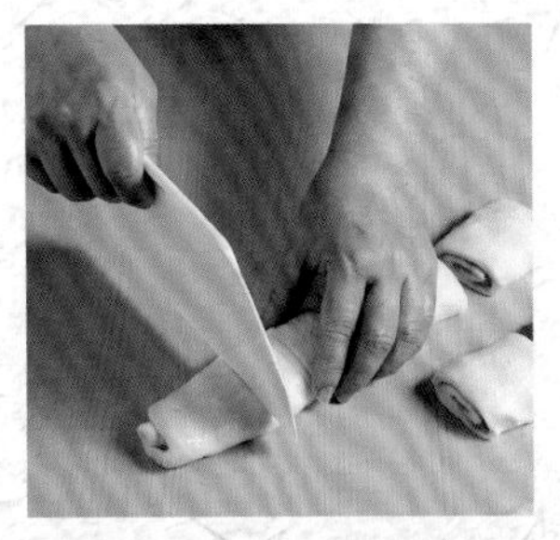

❹將上述長條麵糰搓成需要的長度，接著用刮板均分成數等分。

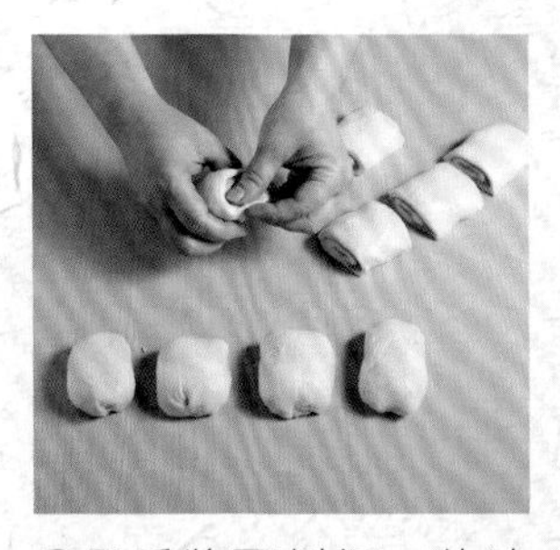

❺用手將兩側切口的油酥輕輕地向內塞。

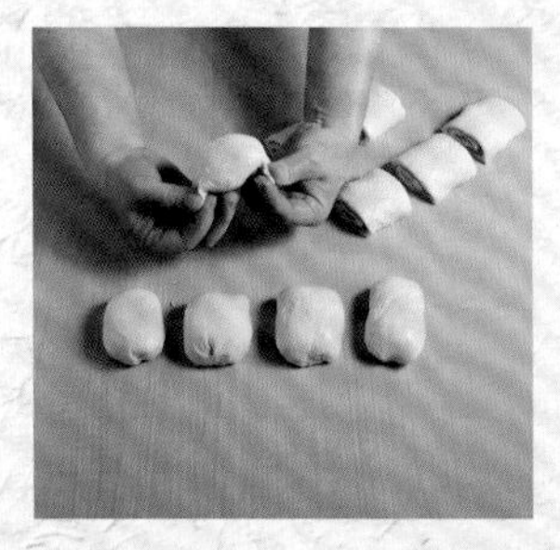

❻再將兩側切口捏合後，塞入麵糰底部。

❼（接做法5）或是將油酥向內塞，並將兩側切口捏合整成圓形。

❽做法6（或做法7）整形後，都必須鬆弛約10分鐘（蓋上保鮮膜）。

❾將鬆弛後的麵糰壓平，再從中心處向前、後擀成長的橢圓形（注意不要用力地來回擀太多次，以免麵糰變硬），翻面後將麵糰兩端向內對摺成長方形。

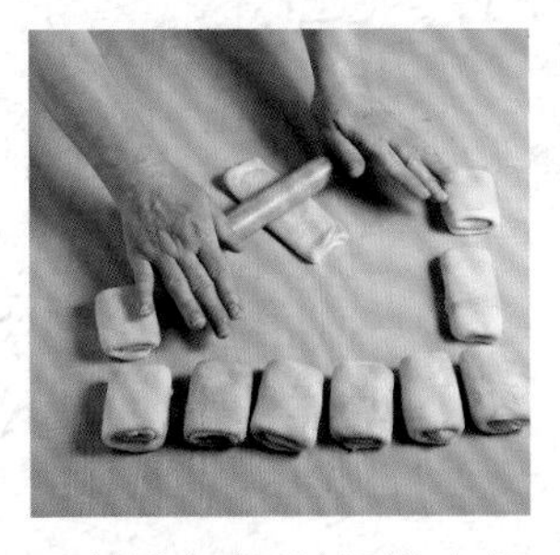

❿上述麵糰全部擀完摺好後，鬆弛約10~15分鐘（蓋上保鮮膜），將麵糰正面朝下再擀長。

⓫將擀長的麵糰（正面朝下）兩端向內對摺成長方形，再鬆弛約10~15分鐘（蓋上保鮮膜）。

⓬上述擀、摺兩次的麵糰，經過充分鬆弛後，接下來即可做擀長整形的動作了（如p.56「芝麻燒餅」），或可將麵糰擀圓包入餡料。

小包酥

方式：將麵糰及油酥均分成數等分，分別將油酥包入麵糰內，再一個一個地擀開並捲起，反覆兩次後，即可包餡成形。

特性：麵糰及油酥依所需秤重分割，再個別擀捲，外型大小較一致，起酥效果較好；必須注意，**以小包酥製作時，軟油酥的質地必須呈固態狀，以便分割**。

做法（以p.74「蟹殼黃」為例）

❶將麵糰及油酥均分成同樣份數。

❷將麵糰壓扁包入一份油酥，並將收口黏合，全部包完再做下一個動作。

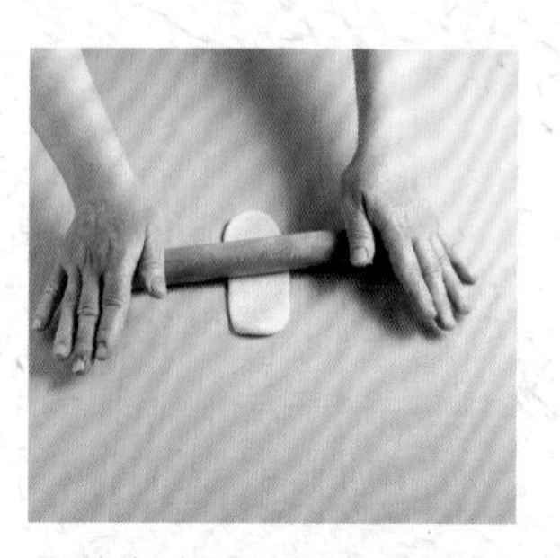

❸將麵糰壓平後，收口朝下，從麵糰中心處向前後擀長。

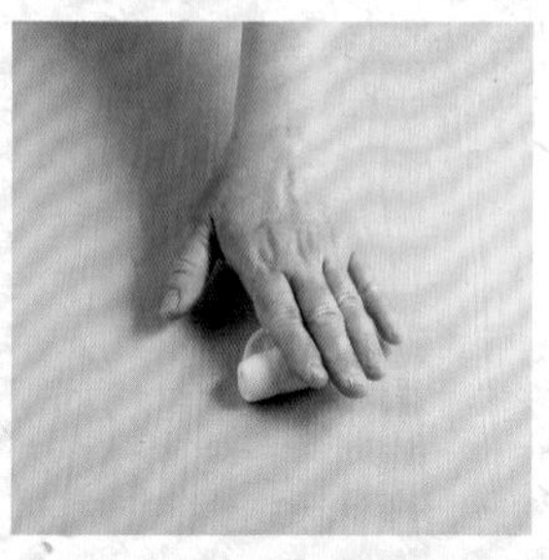

❹將麵糰翻面，用手掌輕輕地將長麵糰捲成圓柱體。

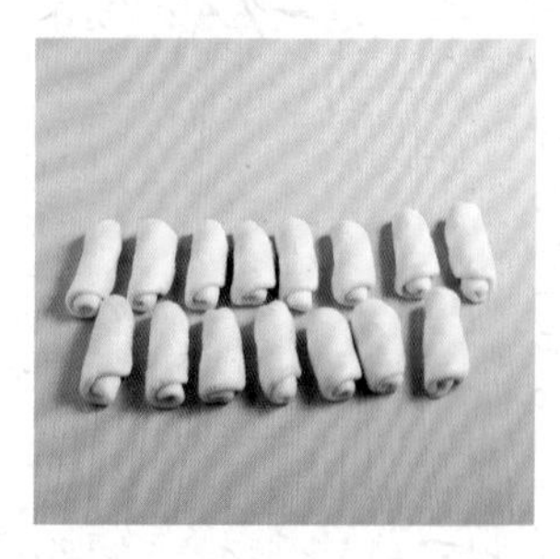

❺做法3~4的擀、捲動作全部做完後，蓋上保鮮膜，鬆弛約10~15分鐘。

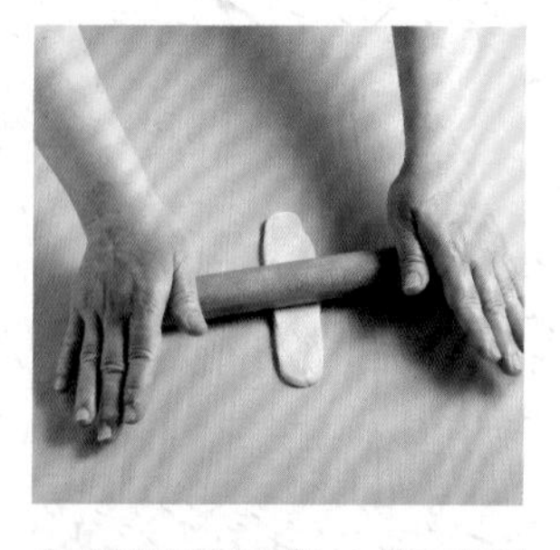

❻麵糰鬆弛後，將正面朝下再壓平，接著擀成細長狀。

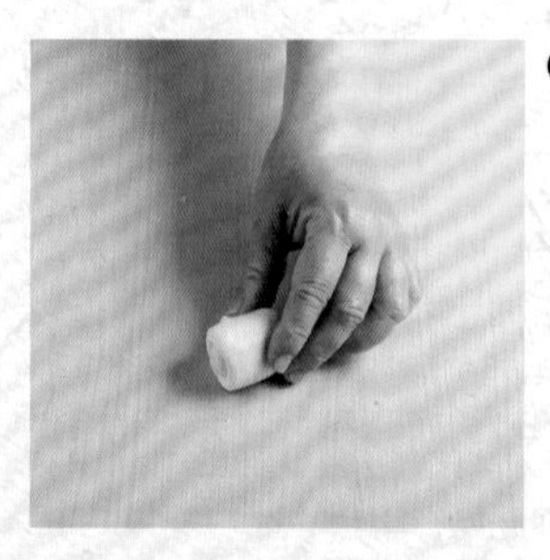

❼用手掌輕輕地將長麵糰捲成圓柱體（比第一次窄），蓋上保鮮膜，鬆弛約10~15分鐘。

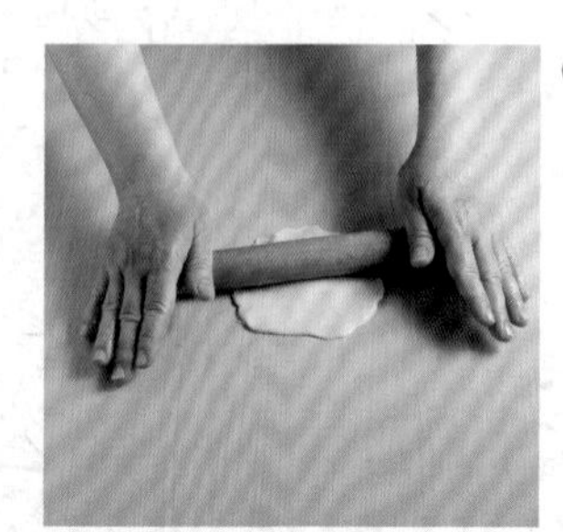

❽上述擀、捲2次的麵糰，經過充分鬆弛後，接下來即可將麵糰捏圓再擀開（從中心點向周圍擀），並包入餡料。如果麵糰非常柔軟，則不需擀麵棍，也可用手輕易攤薄。

鬆弛 ⋯› 麵糰要排隊

製作任何麵點，都有一定的流程，從麵糰揉完到入鍋熟製，都必須掌握必要的細節，才能做出完美的成品。本書做法中，經常會出現「鬆弛」這項動作，即便是短暫的五分鐘，也不可忽略，否則絕對會影響整形的順利度。

鬆弛，對於不同屬性的麵糰，分別具有不同的意義；就水調麵糰來說，足夠的鬆弛時間，可讓麵糰內的水分完全吸收，而呈現光滑的質地，操作不黏手，同時具有良好的延展性。對發酵麵糰來說，只要鬆弛幾分鐘，麵筋就會鬆軟，即能順利進行擀壓動作，但發酵麵糰的鬆弛時間不宜過長，以免麵糰內部產生過多的氣泡，而影響擀壓動作；所以發酵麵糰的鬆弛與熟製前的發酵，其目的截然不同。

在製程中，不同階段的「鬆弛」，其時間的長短，必須視麵糰的軟硬度或需求而定；確實做到鬆弛，才有助於麵糰擀平、擀大及包餡等動作，相關細節如下：

◆依序製作

以酥皮類麵點為例，在小麵糰（劑子）包入油酥後，必須做2次的擀捲（摺），而麵筋增強後，即很難操作，因此從麵糰分割、包入油酥、擀捲到包入餡料，在「先擀先包」的原則下，每個步驟都要照著順序製作，才能讓麵糰有鬆弛的機會。

◆整批製作

在整個流程中的步驟，千萬別一口氣「做到底」，不要擀完一張皮，就接著包餡，最好擀完一批（5張、10張皮⋯⋯），再從頭依序包餡；如此一來，麵皮才有機會鬆弛。

尤其書中油酥類的食譜，份量都不多，應該要將同一個動作全部做完，再做下一個動作，例如：10個包油酥的麵糰，全部擀捲完成，同時鬆弛後，接著再進行第二次的重複動作。

各種熟製方式

依麵糰的不同特性及口感需求，將整形好的麵糰，以適當的熟製方式完成，才能呈現美味的成品。本書中的各項麵食小點，分別利用煎、烙、煮、蒸、炸及烤的不同方式製成，相關的基本概念如下：

煎

煎，是指平底鍋內放適量的油（或另加水），加熱後放入麵糰，與「烙」相較，所需時間較短，即可讓生麵糰達到焦化上色的階段；煎的方式如下：

◆油煎

將麵糰放在平底鍋內，以適量的熱油，讓麵糰受熱而產生焦化上色的作用，即稱「油煎」；油煎的成品，具金黃色酥脆的外皮，香氣十足。除了必須掌握火候外，還必須注意以下事項：

◎平底鍋不要過度加熱，以免生麵糰入鍋後，瞬間上色，而影響內部的熟度；只要將鍋具稍微加熱，即可倒入適量的沙拉油（泛指一般液體油），接著放入麵糰，油量以能覆蓋鍋面為原則。

◎有沾粉的麵糰，入鍋前需將多餘的麵粉清除，油煎時才不會燒焦。

◎原則上是以中小火加熱，麵皮在短時間內定型且上色，例如：p.38蔥油手抓餅及p.40雞蛋灌餅；如麵糰內包有生的餡料時，則必須用小火慢慢加熱，才能熟透且均勻上色，例如：p.48褡褳火燒。

◎不需蓋上鍋蓋，可隨時檢視麵糰上色狀態，當麵糰底部已定型時即可翻面；並觀察上色速度，適時地調整爐火大小，需多次翻面，使成品兩面上色均勻。

◎冷凍後的生麵糰，不需回軟，可直接放入鍋內；但必須全程使用小火，如為了快速熟透，可在油鍋中灑點清水，蓋上鍋蓋，增加熱氣循環，待水氣消失時，再掀蓋繼續煎至金黃色。

◆水油煎

視產品需要，除了油煎外，還可在油鍋內另加清水，開火加熱後，蓋上鍋蓋，利用煎及蒸氣的雙重傳熱，將麵糰煎熟，則稱「水油煎」。利用水油煎的方式，可讓厚麵糰或包餡的麵糰快速熟透；同樣地，成品底部也會呈現金黃酥脆的效果，例如：p.168「生煎饅頭」。

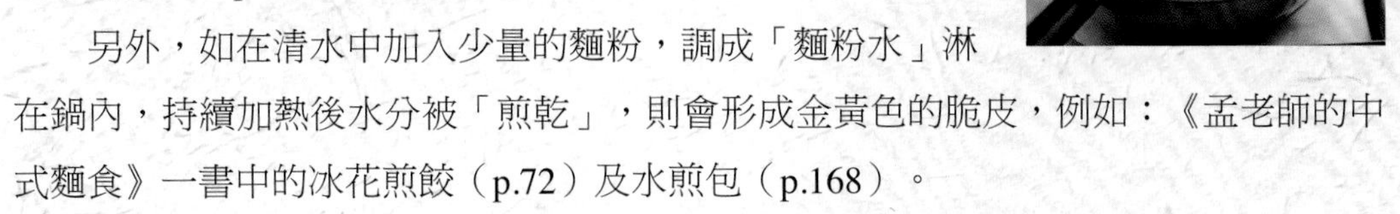

另外，如在清水中加入少量的麵粉，調成「麵粉水」淋在鍋內，持續加熱後水分被「煎乾」，則會形成金黃色的脆皮，例如：《孟老師的中式麵食》一書中的冰花煎餃（p.72）及水煎包（p.168）。

如只將清水淋入油鍋內，還必須注意以下事項：

◎因鍋內的水氣增加，加熱過程中必須蓋上鍋蓋，以中火加熱，並適時地調整火候，以便讓水分煮乾、成品煎熟，並在底部形成酥脆狀。

◎以水油煎的方式熟製，麵糰不需翻面。

煮，是利用滾水將生麵糰加熱煮熟，一般用於冷水調製的麵糰，例如：p.72「菜肉餛飩」。

煮個頭較大的餛飩，也可像煮水餃的方式，過程中可將適量的冷水倒入鍋內（俗稱「點水」），以免持續大火沸騰，餛飩皮容易煮破；熟透後的麵糰，呈膨脹狀，即可撈起。其他有關煮麵條、煮水餃的說明，請看《孟老師的中式麵食》一書的p.27及p.49。

烙

烙，是指麵糰放在平底鍋內，以小火慢慢加熱，烙至熟透，通常時間較久；尤其是麵糰體積特別大時，必須以最小的火苗慢慢地烙，蓋上鍋蓋，以增加聚溫性，其間必須適時地調整麵糰位置或翻面，使得受熱平均，兩面都能呈現金黃酥脆的效果。烙製時，有以下方式：

◆乾烙

平底鍋內不加油，不加水，直接將生麵糰入鍋，持續加熱讓麵糰內的水分烙乾，並產生焦化現象（上色），即稱「乾烙」。以此方式烙熟的麵點，具有韌性及麵香，例如：p.118「黑芝麻紅糖大餅」及p.172「棗泥大鍋餅」。

◆油烙

平底鍋內倒入薄薄的一層油，再將生麵糰入鍋，如體積較大的麵糰，翻面次數多，都要再「補油」，可利用刷子沾些油刷在麵糰表面，或沿著麵糰邊緣，將沙拉油慢慢地淋入。以小火慢慢油烙的麵點，較具酥脆的口感及香氣，例如：p.42「千層肉餅」及p.142「麻醬小燒餅」。

◆水油烙

鍋內抹上均勻的油，再將生麵糰入鍋，並倒入大量的清水，以半蒸半烙的熱能，讓大體積麵糰熟透，例如：p.116「羊角饅頭」。與水油煎的方式相同，但水量較多，熟製時間較久。

提醒

- ◆任何以煎或烙的方式，都需將平底鍋清洗乾淨，加熱時才不會出現焦黑現象。
- ◆加熱時，要隨時注意麵糰的上色狀態，並依厚薄度調整火候；體積越大、越厚的麵糰，火候越小，以免在短時間內（或瞬間）上色，而無法熟透；反之，麵糰較薄者，可將火候稍微調高些。

熟了沒，該如何判斷？

包餡類的麵點或是體積較大的麵糰，在煎或烙的熟製過程中，到最後該如何判斷，麵糰是否熟透？熟的麵糰，有以下特徵：

◆會膨脹

包餡的麵點，經加熱後，內部充滿熱氣，而呈現膨脹的外觀；例如：p.66「肉丁菠菜餡餅」、p.178「全麥蔥花烙餅」。

◆具彈性

任何屬性的麵糰，無論是否有包餡，都會受熱而膨脹；用手輕壓麵糰邊緣，具有彈性，不會凹陷，例如：p.126「蔥花大餅」、p.168「生煎饅頭」，輕壓後具彈性即可起鍋。

◆有上色

任何以油煎或乾烙的麵糰，都必須適時地翻面加熱，最後成品要呈現色澤均勻的金黃色，也是熟製完成的特色之一。

提醒

麵食不熟，會黏牙！

無論是體積較大的水調麵糰，或是任何發酵麵糰，在熟製時，都必須確實將麵糰煎熟（或烙熟、蒸熟、烤熟），才能呈現上述所強調的彈性特色；否則不熟的麵糰，殘留過多的水氣，則影響成品應有的爽口度，甚至咀嚼時會有黏牙現象，因此，任何麵食都必須確實熟製，才能品嚐最佳口感。

蒸

利用高溫蒸氣，將麵糰由生變熟，是發酵麵糰及半燙麵糰（或全燙麵糰）最常用的熟製方式；但必須注意，不同的麵糰屬性或產品，蒸製方式略有差異，請注意以下要點：

◆滾水蒸起

麵粉經過糊化的半燙麵及全燙麵，或是包餡的麵點，必須從滾水蒸起，瞬間受熱定型，同時全程需以中大火蒸熟，以避免麵糰濕度增加，影響成品。

◆冷水蒸起

發酵麵糰（例如：包子、饅頭）入鍋蒸製，為避免溫差過大，麵糰瞬間接觸高溫蒸氣，最好從冷水蒸起；或將鍋中的水燒熱，但尚未沸騰的狀態，再放上蒸籠。

◆水量要足

蒸鍋內的水量要足夠，加熱時的蒸氣才能穩定地將生麵糰蒸熟，開火前，應將水量一次加足，應避免中途添水，而影響蒸製效果。有關蒸饅頭（或包子）的水量，請看p.104「饅頭總複習」。

◆蒸製時間

因麵糰的大小，蒸製時間會有差異，如體積較小者，在短時間內約8~10分鐘即可蒸熟，例如：p.70「燒賣」，麵糰較大者，所需時間較長，例如：p.154「千層軟糕」，而本書中的饅頭，依食譜的分割數量，大約在18~20分鐘即可蒸熟（請看p.104「饅頭總複習」）。

◆入籠發酵

發酵麵糰整形完成後，必須放在防沾蠟紙上，應直接放入蒸籠內，進行最後發酵；不要任意放在案板上，否則發酵後，麵糰充滿空氣，移動時較易變形；同時要注意麵糰放入蒸籠內，必須預留膨脹空間。

◆掀蓋確認

水調麵糰在蒸製中，最後可掀蓋確認麵糰是否蒸熟；但蒸氣溫度非常高，尚未熄火即掀蓋時，應避免直接用手觸碰麵糰，以免燙傷。

另外有關饅頭的掀蓋問題，請看p.104「饅頭總複習」的說明。

炸

炸，就是先將油鍋內的油加熱至理想溫度，再將生麵糰入鍋，炸熟後的產品，最具香、酥、脆等特色；但必須注意以下要點，才能順利炸出完美成品：

◆油量要足夠

要依據麵糰大小及數量，鍋內要放入足夠的油量，才能在加熱中，讓麵糰有空間油炸且均勻地上色。

◆適當的油溫

書中的油炸麵點，都需將冷油加熱至中溫約160℃即可；沒有溫度計測溫時，可取一小塊麵糰，放入熱油中，如麵糰沉底後，會慢慢浮起時，即是理想的油炸溫度。

◆火候要控制

油炸時，除了有適當的油溫外，還要隨時注意調整火候，以免瞬間燒焦，而麵糰內部卻未炸熟；原則上，以中小火慢慢加熱。

◆不停地攪動

生麵糰入油鍋內，待數秒鐘後麵糰定型，就必須用鍋鏟（或筷子）慢慢地攪動，以便受熱平均且上色均勻。

◆起鍋的時機

油炸後，當麵糰呈現淺淺的金黃色時，即可準備撈出，此時可稍微提高油溫，逼出多餘的油，接著儘速撈起成品，放在廚房紙巾上，吸掉多餘的油；成品離開熱油後，會有後熟效果，顏色會再加深些，所以千萬別過度油炸。

烤

將烤箱預熱到理想溫度後，再放入生的麵糰，持續受熱後，水分烘乾而呈金黃色，且具酥鬆、香脆的特性。尤其是酥皮類的產品，經過高溫烘烤而膨脹，成品更能顯現層次感。除了先將烤箱預熱外，還必須注意以下要點：

◆調整位置

當麵糰入烤箱烘烤時，要注意上色狀態，必須適時地調換烤盤裏外位置，以便受熱均勻。

◆隨時觀察

因應不同的麵糰屬性及大小，烘烤時要多多留意並觀察麵糰的上色速度；因此，書中的烤溫及出爐時間，僅供參考，必須根據當時的烘烤狀態，做適當調整。

◆烤熟判斷

烤熟的麵糰，其特色與油煎或油烙的麵糰相同，請看p.27「熟了沒，該如何判斷？」。

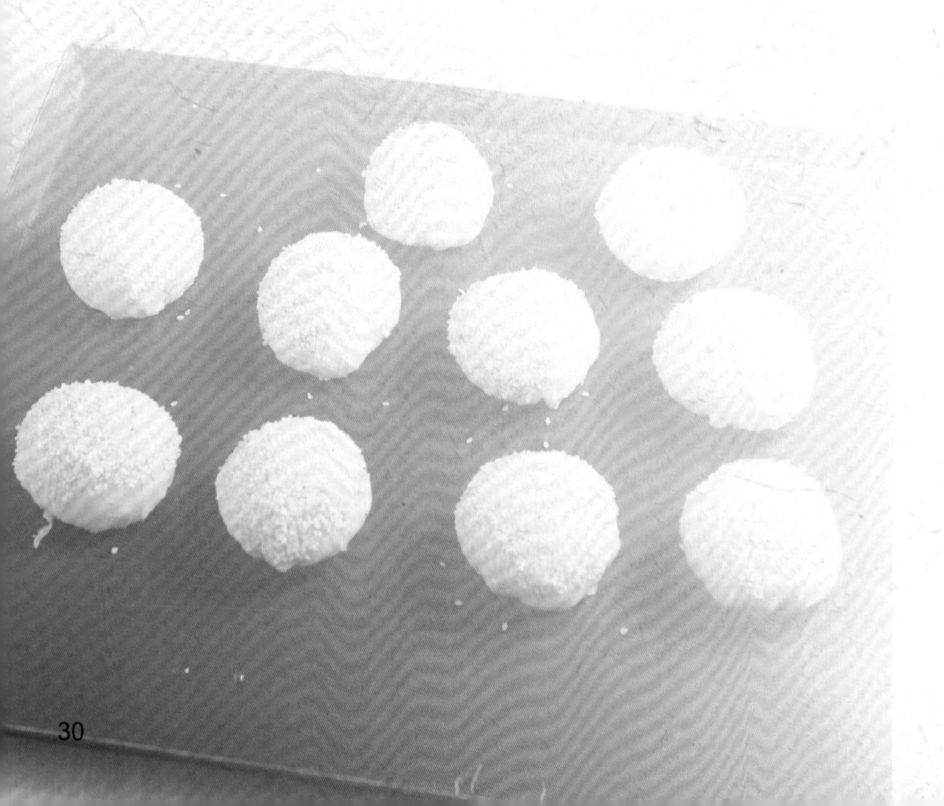

提醒

本書的食譜做法中，有些製程較繁複，礙於篇幅有限，無法一一敘述，因此在做法步驟中，會註明可參考的頁數。同時在每一道食譜中，還會提醒相關的注意事項，請讀者們務必詳加閱讀。

做法

1 全燙麵：依p.37「全燙麵」的做法，將中筋麵粉、滾水及鹽混合，輕輕地搓揉成糰。

2 砸水（請看「提醒」）：將冷水分2～3次倒在麵糰上，用拳頭不停地搥，將水砸入麵糰內，再用手搓揉均勻。

3 鬆弛：麵糰上撒些麵粉，蓋上保鮮膜，放在室溫下鬆弛約50分鐘。

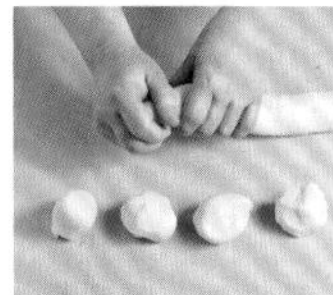
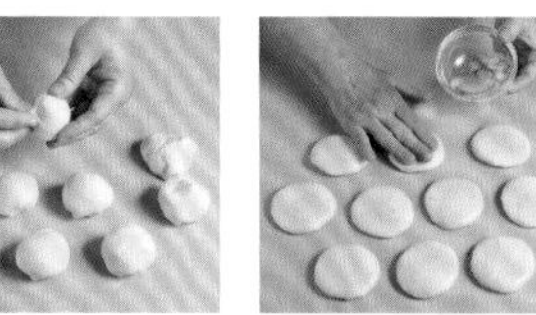

4 分割：將麵糰揪成10等分（或用刮板分割），整成圓形，並將底部捏緊，鬆弛約10分鐘。

5 整形：將小麵糰壓平（案板上撒些粉），表面抹上均勻的沙拉油。

6 接著撒上少許的麵粉，再將兩塊小麵糰重疊，再鬆弛約15分鐘。

7 擀薄：用手將麵糰捏扁（較易擀平），再從中心處向外擀開，儘量將麵糰擀薄，直徑約20公分。

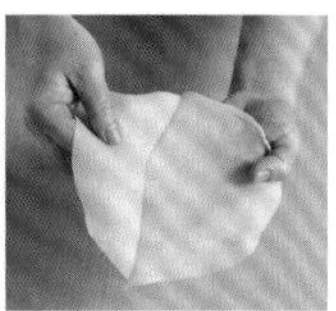

8 蒸製：將擀好的薄麵皮重疊（不需抹油）放入蒸籠內，水滾後放上蒸籠，以中大火蒸約10~12分鐘即可。

9 待麵皮冷卻後，撕開成2張餅，包入自己喜愛的配料食用。

提醒

★砸水：以水量稍低的方式製作全燙麵，滾水及麵粉混合搓揉成糰後，再將冷水砸進麵糰中，與半燙麵製法相較，更具韌性及柔軟度，非常適合這道蒸製的「春餅」。砸水時，分次倒入冷水，用拳頭不停地搥入麵糰內，邊搥邊翻動麵糰，水分完全吸收後，再搓揉均勻即可。

★做法5~6：麵糰壓平後，在表面抹油並撒粉，有助於2張麵皮蒸熟後易於撕開；也可改用p.16「稀油酥」，抹在小麵糰上。

★做法7：麵皮儘量擀薄，包著配料食用，口感較好。

55

食譜中的 提醒 很重要，
一定要看喲！

水調類
麵食

繼p.6的說明，水加麵粉即能搓揉成糰，而不同「水溫」的水，添加在麵粉中，所形成的麵糰，均能表現觸感、塑性及色澤的差異性；為了方便理解與製作，略分為**冷水麵**、**半燙麵**及**全燙麵**，其製作重點如下：

麵粉＋冷水＝冷水麵

請見DVD中「雞蛋灌餅」示範

只需麵粉及冷水即可調製冷水麵，製成各式麵點；其中的水量多寡會直接影響軟硬度，麵糰揉好後必須鬆弛，才有利於操作時的延展性。

做法

❶將冷水倒入麵粉中。

❷用筷子（或硬質的橡皮刮刀）以來回轉圈方式，先將乾溼材料混合。

❸不停地攪拌至水分消失，尚未成糰時，即倒入沙拉油，再用手搓揉成完整的麵糰。

❹如材料內沒有沙拉油，就用筷子（或手）直接攪成糰狀（或在做法3攪拌至水分消失後，直接倒在案板上搓揉）。

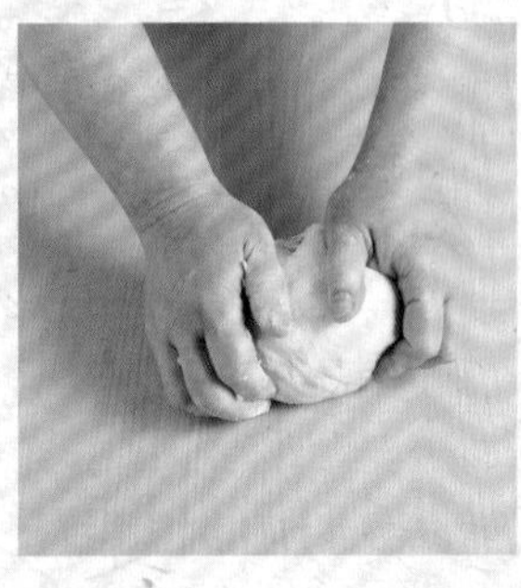

❺再將麵糰倒在案板上，繼續用雙手搓揉均勻。

❻麵糰依需求，撒上麵粉（如p.40「雞蛋灌餅」）或抹油（如p.52「斤餅」），蓋上保鮮膜，放在室溫下鬆弛約30~50分鐘，即可開始整形。

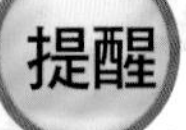

減少麵糰損耗

◆任何水調麵糰，持續將水分與麵粉攪勻的同時，必須利用筷子上的麵糰不斷地摩擦容器邊緣沾黏的麵糰。

◆成糰後，要利用刮板或橡皮刮刀刮除手上與容器內的濕麵糰。

麵粉＋滾水＋冷水＝半燙麵

請見DVD中「芝麻燒餅」示範

半燙麵中，有滾水及冷水，倒入麵粉中的水分，必須先以滾水將部分麵粉糊化，再用冷水調節麵糰的軟硬度，順序不可顛倒。在《孟老師的中式麵食》書中，稱半燙麵為「燙麵」，是同屬性麵糰。

做法

❶將冷水（即食譜上滾水的用量）煮滾後（請看p.36說明），需立即熄火。

❷將滾水以繞圈方式倒入麵粉中，以免滾水集中在定點。

❸用筷子（或硬質的橡皮刮刀）來回地轉圈攪拌，將滾水及麵粉攪成鬆散狀。

❹滾水的份量多寡，與麵粉結合的狀態有所不同；少量的滾水與麵粉結合，攪拌後即成鬆散狀，反之，即會快速成糰；被滾水燙過（糊化）的麵粉，成為透明狀。

❺倒完滾水（做法3），攪勻後不用等到麵糰冷卻，即可接著倒入冷水。

❻與p.34「冷水麵」做法3相同，如果食譜中有沙拉油時，則在做法5攪拌至水分消失（尚未成糰）時，即倒入沙拉油。

❼無論食譜中的半燙麵有沒有添加沙拉油，最後都可用筷子用力攪成糰狀。

❽攪成糰狀後，如麵糰溼度不高，也可直接在容器內，用手輕輕地搓揉均勻即可。

（接下一頁）

❾麵糰依需求，撒上麵粉（如p.42「千層肉餅」）或抹油（如p.46「糖鼓燒餅」），蓋上保鮮膜，放在室溫下鬆弛約50~60分鐘，即可開始整形。

❿如果麵糰濕度非常高，千萬別用力搓揉，也不要額外添加麵粉，以免失去成品的柔軟度，只要在濕麵糰表面抹油，再蓋上保鮮膜，放在室溫下鬆弛約50~60分鐘即可操作。

食譜中的「冷水」與「滾水」

製作冷水麵及半燙麵所需的「冷水」，即一般常溫自來水（約25°C）；「滾水」即是秤好冷水後，再煮滾之意。例如：食譜上的滾水100克，就秤冷水100克，再開火加熱直到沸騰；但要注意，因為水量不多，只要鍋底出現滾動的氣泡即可熄火，不需要大滾，也不可延長加熱時間，以免水分被蒸發而損耗。

提醒

不要用力搓揉、不要撒粉防沾

◆任何半燙麵及全燙麵（p.37），搓揉麵糰時仍有餘溫，因此不可太用力，以免越搓越黏。

◆任何半燙麵或全燙麵，如含水量特別高時，搓揉時會較濕黏，是正常現象，不需刻意搓揉，只要成糰即可在麵糰上抹點油，待冷卻並鬆弛一段時間後，就會呈現光澤度及延展性。

◆將全燙麵搭配發酵麵糰或水調麵糰使用時，因為全燙麵份量很少，只要用筷子攪勻即可，並蓋上保鮮膜，冷卻備用，例如：p.68「麥香軟餅」及p.170「蛋黃麻糰」等。

麵粉＋滾水＝全燙麵

請見DVD中「春餅」示範

將滾水沖入麵粉中，完全不加冷水所調製的麵糰；因麵粉內的澱粉必須完全糊化，所以麵粉的吸水量也相對提高。利用這樣的吸水性，特別將「全燙麵」與其他麵糰（冷水麵及發酵麵）搭配使用，以提升操作時的塑性，並增加成品的柔軟度，例如：p.68「麥香軟餅」、p.148「香Q軟餅」、p.170「蛋黃麻糬」及p.172「棗泥大鍋餅」等。

做法

❶將冷水（即食譜上滾水的用量）煮滾後（請看p.36說明），需立即熄火。

❷滾水以繞圈方式倒入麵粉中，以免滾水集中在定點。

❸用筷子（或硬質的橡皮刮刀）來回地轉圈攪拌，將滾水及麵粉攪成一坨一坨的鬆散麵糰。

❹如果滾水的份量較多時，用筷子不斷地攪，很容易成糰。

❺（接做法3）待麵糰降溫後，直接在容器內，用手輕輕地搓揉均勻，此時即成軟Q的濕黏麵糰。

❻麵糰依需求，撒上麵粉（如p.54「春餅」）或抹油（如p.68「麥香軟餅」），蓋上保鮮膜，放在室溫下鬆弛約50~60分鐘，即可開始整形。

蔥油手抓餅

半燙麵＋蔥油酥

麵糰鬆弛後，具有良好的延展性，邊拉邊擀，很容易擀薄；如此一來，層次豐富又煎得透，一絲絲的酥鬆餅皮，真誘人！

材料 份量：約3張

麵糰（半燙麵）
滾水 80克
中筋麵粉 250克
冷水 80克
沙拉油（或豬油） 20克

蔥油酥
沙拉油 50克
蔥段（蔥白部分） 20克
中筋麵粉 35克

調味
鹽 1小匙

做法

1 半燙麵：依p.35「半燙麵」的做法，將滾水、中筋麵粉及冷水混合，接著將沙拉油倒入，輕輕地搓揉成糰。

2 鬆弛：麵糰上抹些油，蓋上保鮮膜，放在室溫下鬆弛約50分鐘。

3 蔥油酥：依p.18「蔥油酥」的做法，將蔥油酥製作完成備用。

4 分割、擀長：將麵糰搓長，再分割成3等分；再分別用手拉長，並壓平擀成長約40公分、寬約10公分的長方形麵皮（邊擀長邊用手拉長）。

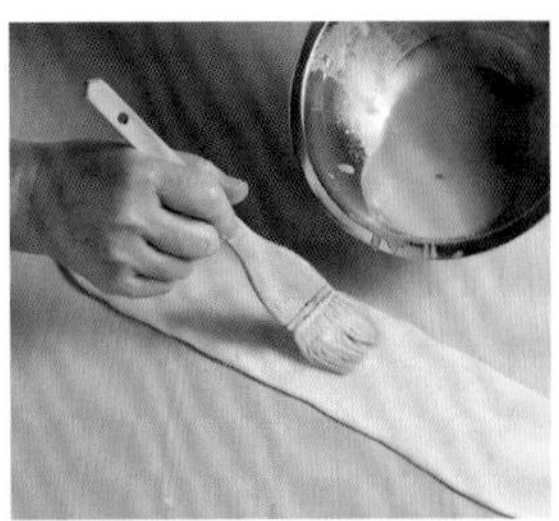

5 整形：用刷子沾些蔥油酥刷在麵皮上（周圍勿刷），再均勻地撒上鹽（1/3小匙左右）。

6 將麵糰捲起成長條狀，並將封口黏緊。

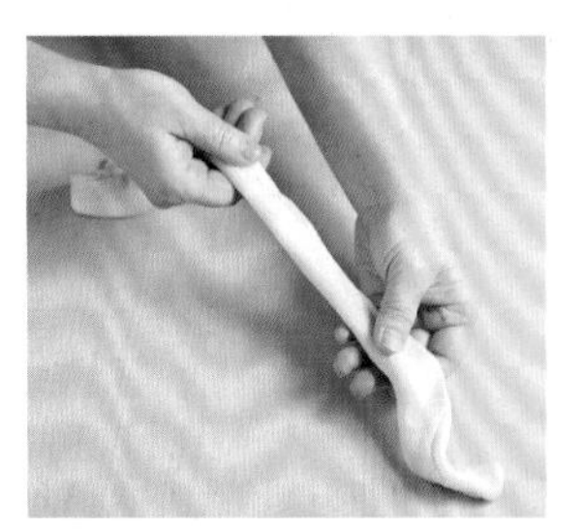

7 整形（p.11「螺旋狀」）：用手將長條狀麵糰內的空氣從兩側擠出，再順著筋性慢慢拉長（約85公分），接著圈成螺旋狀，尾端麵糰捏扁再塞入底部。

8 鬆弛：將整形好的麵糰蓋上保鮮膜，放在室溫下鬆弛約30分鐘。

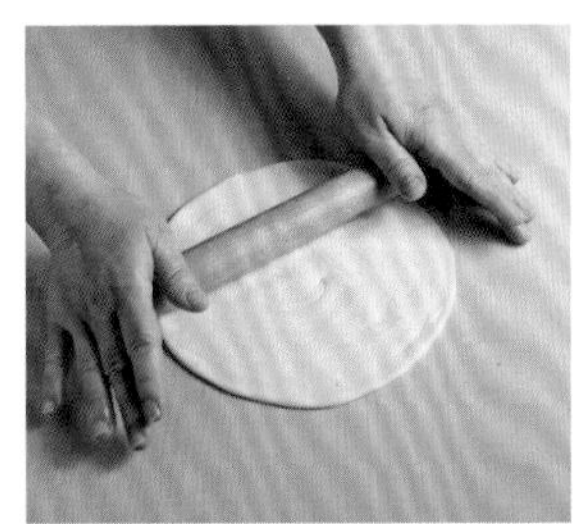

9 擀薄：將麵糰輕輕地壓平，再從中心處向外擀開，成為直徑約19~20公分的圓片狀。

10 油煎：平底鍋加熱後，倒入約1大匙的沙拉油，將麵皮攤入鍋內，以中小火加熱，將兩面煎成金黃色即可。

11 煎好後，用鍋鏟先將餅的表面敲鬆，再從邊緣向內擠壓成鬆散狀即可。

提醒

★做法3：剩餘的蔥油酥可密封冷藏，留待下次再使用，保存期限約7天；使用前必須再攪勻。

★做法7：捲完蔥油酥後，必須再將長條麵糰拉長，可使成品更有層次；圈成螺旋狀時，不可過緊，才能順利擀薄。

雞蛋灌餅

冷水麵＋稀油酥

參見DVD示範

餅皮包覆空氣，受熱後瞬間膨脹，再將蛋液灌入「餅球」內；
並依個人的熟度喜好起鍋，與一般蛋餅相較，
有不同的製作樂趣及口感體驗。

材料　份量：約8張

麵糰（冷水麵）
中筋麵粉 150克
鹽 1/4小匙
冷水 90克
沙拉油 10克

稀油酥
中筋麵粉 10克
沙拉油 10克

配料
雞蛋 4個

做法

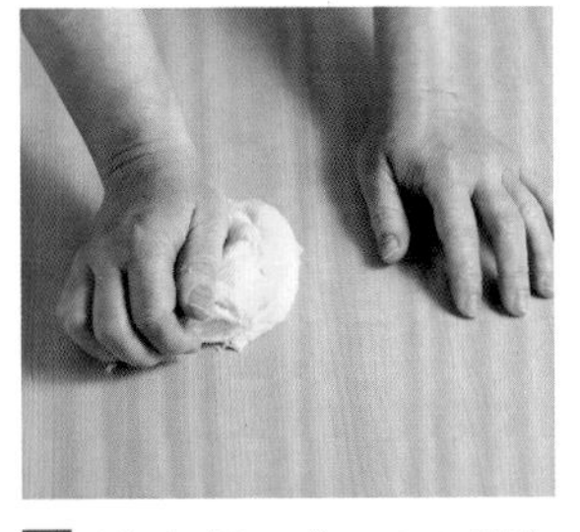

1 冷水麵：依p.34「冷水麵」的做法，將中筋麵粉、鹽、冷水及沙拉油混合，搓揉成糰。

2 鬆弛：麵糰上撒些麵粉，蓋上保鮮膜，放在室溫下鬆弛約50分鐘。

3 稀油酥：依p.16「稀油酥」的做法，將中筋麵粉及沙拉油混合備用。

4 分割：將麵糰搓長，再分割成8等分。

5 整形：將麵糰整成圓形，並將底部捏緊，再鬆弛約10分鐘。

6 將麵糰壓扁，用刷子沾適量的稀油酥，刷在麵糰上。

7 將麵糰四周聚合（如包餡的動作），將收口黏緊，放在室溫下鬆弛約10分鐘。

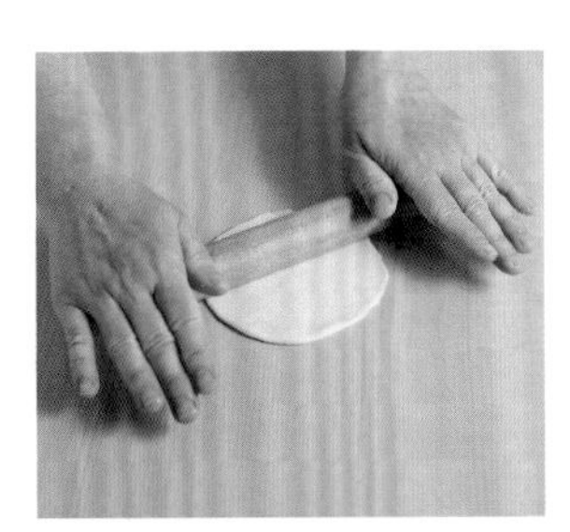

8 擀薄：將麵糰輕輕地壓平，再從中心處向外擀開，儘量擀薄，成直徑約14~15公分的圓片狀。

9 油煎：將雞蛋打散備用。平底鍋加熱後，倒入約1大匙的沙拉油，放入薄麵皮，以中小火加熱，當麵皮定型且膨脹時即翻面。

10 用筷子在膨脹的麵皮上戳個小洞，並用筷子將洞口的麵皮挑高，再灌入蛋液（約1/2個雞蛋的量），接著將麵皮翻面，煎成金黃色即可。

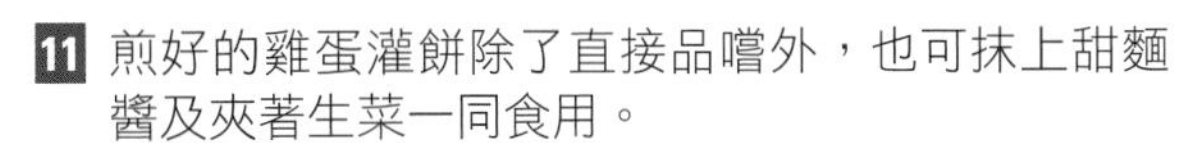

11 煎好的雞蛋灌餅除了直接品嚐外，也可抹上甜麵醬及夾著生菜一同食用。

提醒

★做法7：麵皮刷上稀油酥，如同包包子的方式黏合，類似荷葉餅的製作概念，因兩張麵皮內抹了油，經過加熱後即會分離膨脹。

★做法8：麵糰擀薄時，如出現氣泡，不要刻意戳破，以免加熱時影響膨脹效果。

★做法10：灌入蛋液後立即翻面，洞口的蛋液會瞬間定型，可煎成自己喜歡的熟度。

千層肉餅

半燙麵＋肉餡

在片狀的麵皮上，鋪上滿滿餡料，再依序地一步一步摺疊，
而呈現「皮」與「餡」交錯的層次效果，看似複雜，其實非常容易上手。

材料　份量：1個

麵糰（半燙麵）
中筋麵粉　250克
滾水　120克
冷水　60克

肉餡
豬絞肉　135克
醬油　1大匙
鹽　1/8小匙
黑胡椒粉　1/2小匙
蔥白　35克
白麻油　1小匙

配料
生的白芝麻　10克

做法

1 **半燙麵**：依p.35「半燙麵」的做法，將中筋麵粉、滾水及冷水混合，輕輕地搓揉成糰。

2 **鬆弛**：麵糰上撒些麵粉，蓋上保鮮膜，放在室溫下鬆弛約50分鐘。

3 **肉餡**：炒鍋加熱後（鍋內不放油），倒入豬絞肉，用小火炒至變白，加入醬油繼續炒熟。

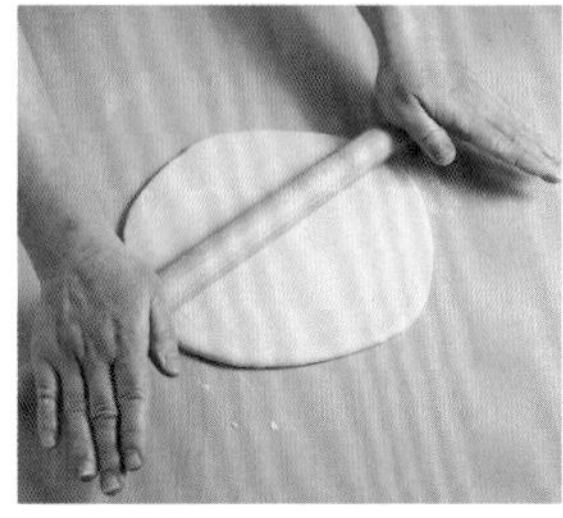

4 一直炒到湯汁收乾即熄火，接著加入鹽、黑胡椒粉、蔥白及白麻油，拌炒均勻放涼備用。

5 **鋪餡料**：將麵糰壓平，從中心處向外擀開，成直徑約36公分的圓形，再均勻地鋪上肉餡（邊緣處須留1公分）。

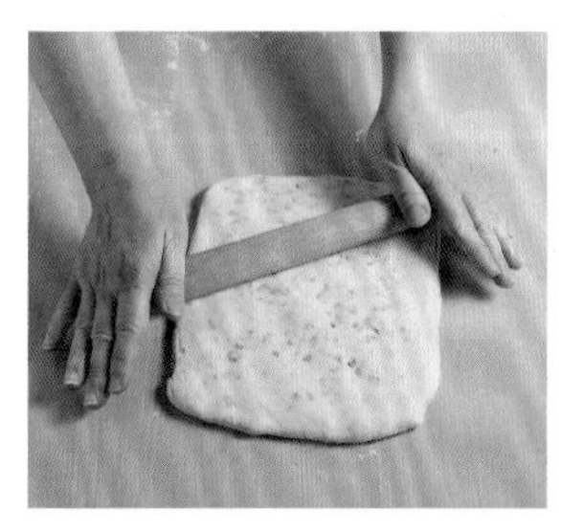

6 **整形**（p.15「九摺法」）：用湯匙將肉餡稍微壓入麵糰內，將肉餡摺疊包好整成長方形，放在室溫下鬆弛約10分鐘。

7 **擀麵糰**：將麵糰輕輕地擀開，厚度約1公分，在麵糰表面刷上均勻的清水，再撒上生的白芝麻，並輕輕地擀平。

8 **油烙**：平底鍋稍微加熱，倒入約2大匙的沙拉油，將麵糰正面朝下放入鍋內，以小火加熱，並蓋上鍋蓋，烙至兩面成金黃色即可。

★**做法3**：豬絞肉炒熟過程中，會釋放油脂，因此鍋內不用放油。

三角洋蔥餅

半燙麵＋洋蔥餡

圓麵皮均分成四等分，再鋪餡、摺疊並黏合，做法簡單，
餡料可變化，是一道非常討好的家常麵食。

材料　份量：4個

麵糰（半燙麵）
中筋麵粉　250克
滾水　120克
冷水　60克

洋蔥餡
洋蔥（切碎）　100克
蔥白（切碎）　15克
白麻油　1大匙
白胡椒粉　1/2小匙
鹽　1/2小匙
細砂糖　1/4小匙

做法

1 半燙麵：依p.35「半燙麵」的做法，將中筋麵粉、滾水及冷水混合，輕輕地搓揉成糰。

2 鬆弛：麵糰上撒些麵粉，蓋上保鮮膜，放在室溫下鬆弛約50分鐘。

3 分割：將麵糰搓長，再分割成4等分，整成圓形，並將底部捏緊，再鬆弛約10分鐘。

4 洋蔥餡：洋蔥與蔥白混合，先加入白麻油攪勻，再加入白胡椒粉、鹽及細砂糖拌勻備用。

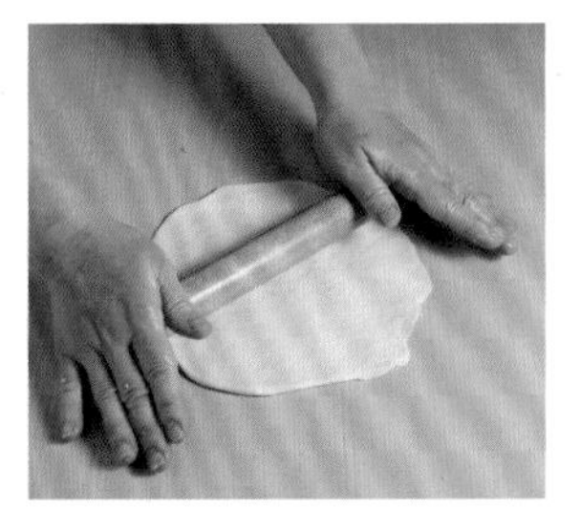

5 擀皮：案板上撒些麵粉，將麵糰壓平，從中心處向外擀開，成直徑約20公分的圓形。

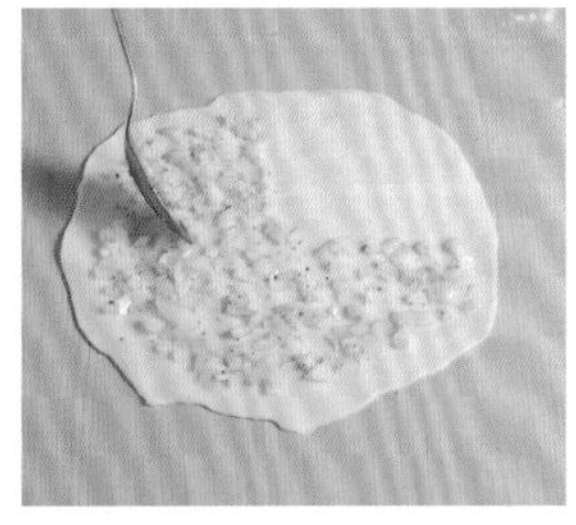

6 鋪洋蔥餡：取洋蔥餡約30克，均勻地鋪在麵皮3/4的面積上（留1/4空白），邊緣處須留1公分。

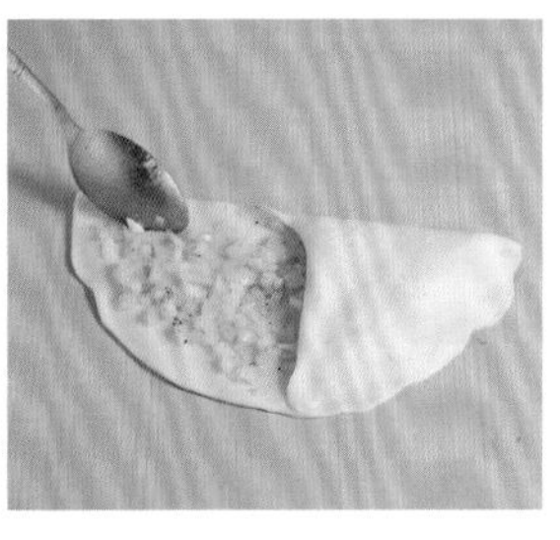

7 整形（p.12「三角形」）：將洋蔥餡摺疊包好，整成三角形，放在室溫下鬆弛約5分鐘。

8 油烙：平底鍋稍微加熱，倒入約2大匙的沙拉油，放入麵糰以小火加熱，蓋上鍋蓋，烙至兩面成金黃色即可。

提醒

★做法4：洋蔥及蔥白儘量切碎（細丁狀），顆粒不要太大，較容易烙透，口感較香甜；混合後，必須先加入白麻油，以防止出水；也可用1大匙的沙拉油先將洋蔥粒及蔥白炒到透明狀（洋蔥增為120克），熄火後再依序加入其他材料。

★做法6：包洋蔥餡時，如最後有多餘的汁液，必須瀝掉，以免浸濕麵皮。

糖鼓燒餅

半燙麵＋糖酥餡

只要麵皮包覆完整，即能受熱膨脹，烤透烤脆後，即成美味的甜點。

材料　份量：6個

麵糰（半燙麵）
中筋麵粉 200克
滾水 80克
冷水 60克

糖酥餡
中筋麵粉 10克
沙拉油 15克
二砂糖 35克

配料
蛋液 約15克
生的白芝麻 40克

做法

1 半燙麵：依p.35「半燙麵」的做法，將中筋麵粉、滾水及冷水混合，輕輕地搓揉成糰。

2 鬆弛：麵糰上抹些油，蓋上保鮮膜，放在室溫下鬆弛約50分鐘。

3 糖酥餡：中筋麵粉及沙拉油混合攪勻，再加入二砂糖攪勻備用。

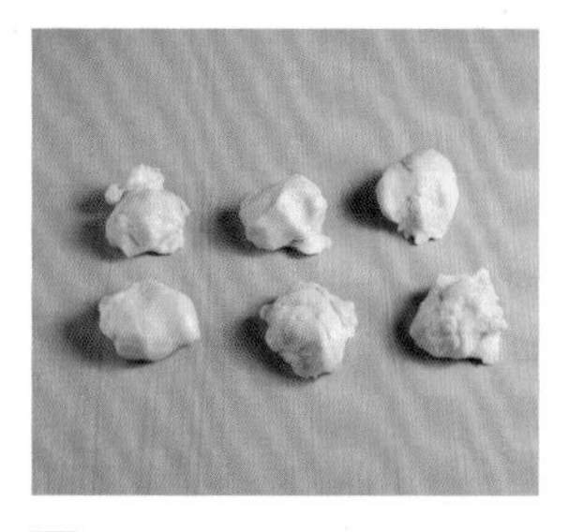

4 分割：將麵糰搓長，再分割成6等分，整成圓形，並將底部捏緊，再鬆弛約10分鐘。

5 包餡：用手將麵糰攤開，成直徑約10公分的圓形，再包入約8~10克的糖酥餡，並將收口黏緊。

6 將麵糰輕輕地捏扁，再鬆弛約10分鐘。

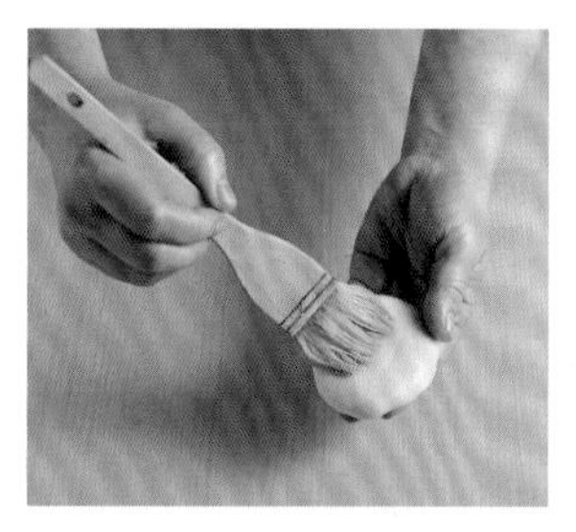

7 整形：在麵糰表面刷上均勻的蛋液，再沾上生的白芝麻。

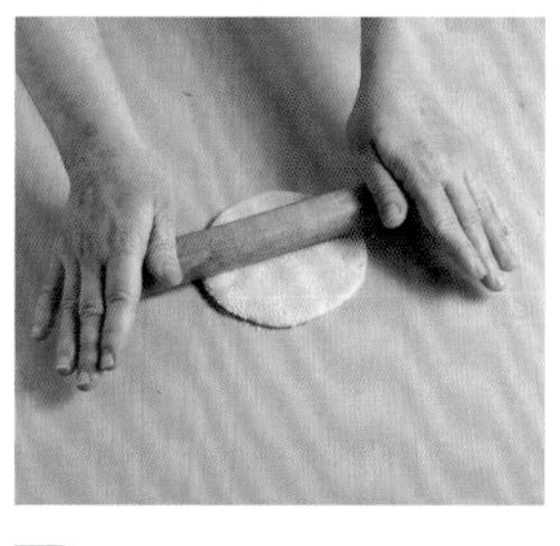

8 擀薄：從麵糰中心部位輕輕地向外擀開，成直徑約13公分的圓片狀，接著放入烤盤上。

9 烘烤：烤箱預熱後，以上火約200℃、下火約170℃，烤約20~25分鐘，膨脹成金黃色即可。

提醒

★做法5：麵糰鬆弛完成，延展性佳，不需擀麵棍，即可用雙手攤開；包入糖酥餡時，儘量不要包入空氣，才有利於擀平，並將收口黏緊，以免高溫烘烤後，薄麵皮無法膨脹成中空狀（如右圖）。

褡褳火燒

半燙麵＋蔥肉餡

所謂褡褳，即長方形的袋子，是古代的服飾，尺寸小的掛於腰帶，
較大的則搭在肩上；而褡褳火燒形如「褡褳」，因而得名。
通常以油煎製成，外表金黃酥脆，口感有如鍋貼，是美味的家常麵食。

材料　份量：8個

麵糰（半燙麵）
中筋麵粉 250克
滾水 120克
冷水 60克

蔥肉餡
豬絞肉 250克
鹽 1/2小匙
醬油 2大匙
米酒 1/4小匙
白胡椒粉 1/4小匙
白麻油 1大匙
蛋白 25克
薑泥 1/4小匙
蔥花 85克

做法

1 半燙麵：依p.35「半燙麵」的做法，將中筋麵粉、滾水及冷水混合，輕輕地搓揉成糰。

2 鬆弛：麵糰上撒些麵粉，蓋上保鮮膜，放在室溫下鬆弛約50分鐘。

3 蔥肉餡：豬絞肉加鹽、醬油及米酒攪勻，再加入白胡椒粉、白麻油及蛋白攪成黏稠狀。

4 接著加入薑泥及蔥花，輕輕地攪勻備用。

5 分割：將麵糰搓長，再分割成8等分，整成圓形，並將底部捏緊，鬆弛約10分鐘。

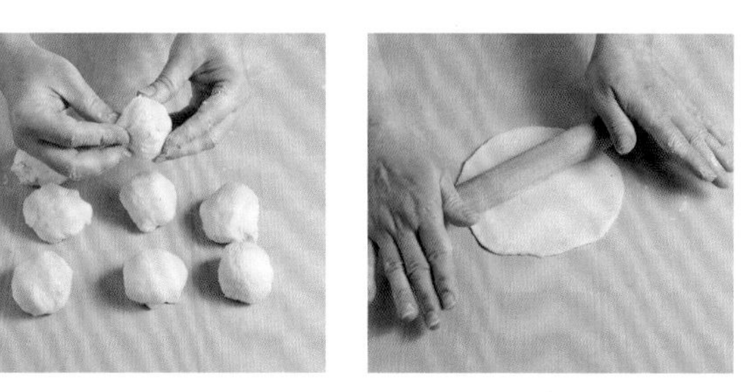

6 擀皮：將麵糰壓平，再擀成直徑約16~17公分的圓形（中間稍厚）。

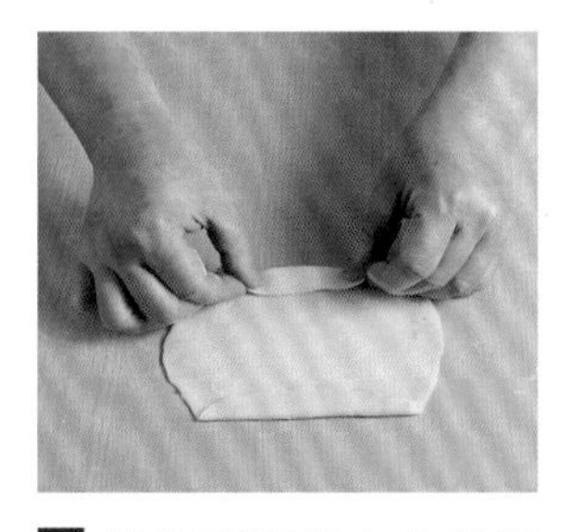

7 將麵糰邊緣向內對摺約1公分，對稱兩邊摺完後，成平行狀。

8 包餡：將麵糰翻面，再鋪上蔥肉餡約50克，注意平行邊緣處須留約1公分。

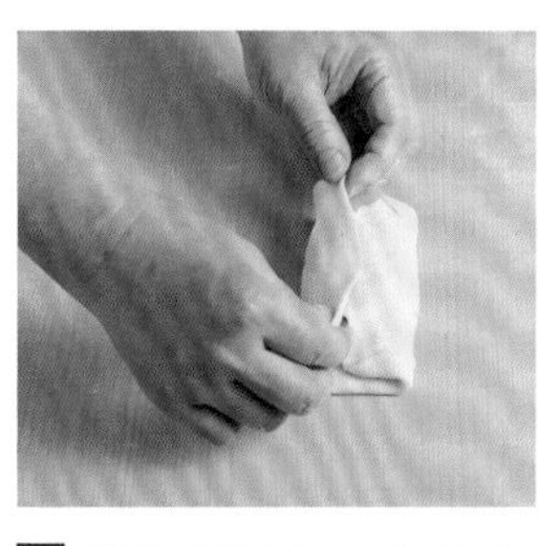

9 將麵糰兩側向內黏合，再用食指將平行兩側壓平黏緊，並用手稍微整平。

10 油煎：平底鍋稍微加熱，倒入約3大匙的沙拉油，將麵糰封口朝下放入鍋內，以小火加熱，煎至兩面成金黃色即可。

★**做法8**：可用小容器秤取蔥肉餡約50克，再倒入麵皮上，即可控制餡料份量。

糊塌子

稀麵糊

糊塌子的味道軟嫩鮮美，用料單純、做法簡易，是中國北京的特色小吃，
用刨絲的瓜類蔬果加上蛋液、麵粉及各式調味料，調成麵糊後，
入鍋煎製而成；食用時，可沾著醬油、蒜泥及香醋的醬汁，非常可口！

材料　份量：約3張

瓠瓜（刨絲） 200克
蝦皮 15克
全蛋 1個（約55克）
蔥花 20克

鹽 1/4小匙
白胡椒粉 1/4小匙
中筋麵粉 50克

沾醬
蒜泥 1小匙
醬油 25克
白醋 1小匙

做法

1 瓠瓜削皮後，將瓜囊挖除。

2 再利用刨絲刀將瓠瓜刨成絲狀，重量約200克。

3 將蝦皮洗乾淨，稍微浸泡數分鐘去除鹹味，再擠乾水分。

4 **稀麵糊**：將蝦皮、全蛋及蔥花倒入瓠瓜絲內，攪拌均勻。

5 接著加入鹽、白胡椒粉及中筋麵粉拌勻。

6 **靜置**：將所有材料拌勻後，靜置在室溫下約10分鐘。

7 **沾醬**：蒜泥、醬油及白醋攪勻即可。

8 **油煎**：將平底鍋加熱，倒入約2大匙沙拉油，再舀入約1/3量的麵糊，用中小火加熱。

9 將兩面煎成金黃色即可，趁熱沾些醬汁食用。

提醒

★做法6：靜置約10分鐘，讓所有材料充分融合，但會滲出水分，下鍋前必須攪勻，再將麵糊倒入鍋內煎熟。

斤餅

冷水麵

斤餅也是家常的麵食，來自中國東北的庶民小吃，以秤斤論兩方式銷售，因而得名；
與手抓餅類似，口感軟嫩中帶點嚼勁，且散發宜人的麵香，
夾上各式肉類配料，則更加豐富美味。

材料 份量：5張

麵糰（冷水麵）
中筋麵粉 300克
冷水 175克
鹽 1/2小匙
沙拉油 10克

做法

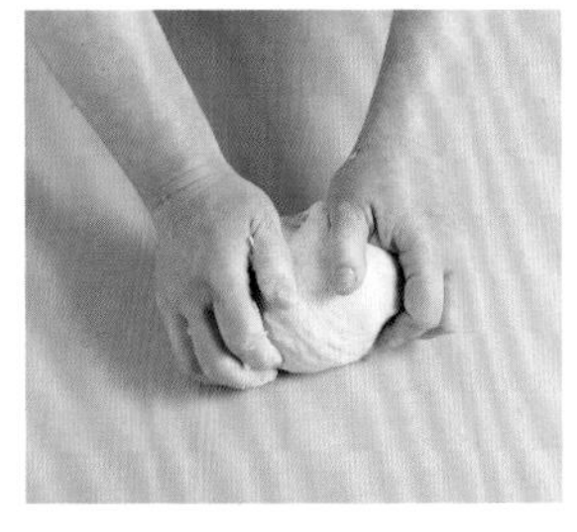

1 **冷水麵**：依p.34「冷水麵」的做法，將中筋麵粉、冷水、鹽及沙拉油混合，搓揉成糰。

2 **鬆弛**：麵糰上抹些油，蓋上保鮮膜，放在室溫下鬆弛約50分鐘。

3 **分割**：將麵糰搓長，再分割成5等分，整成圓形，並將底部捏緊，鬆弛約15分鐘。

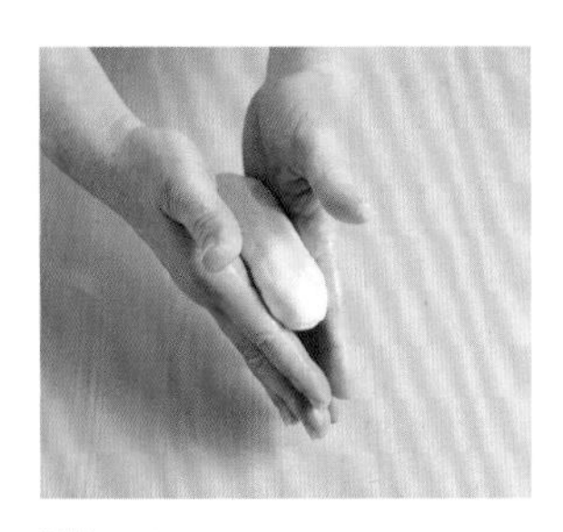

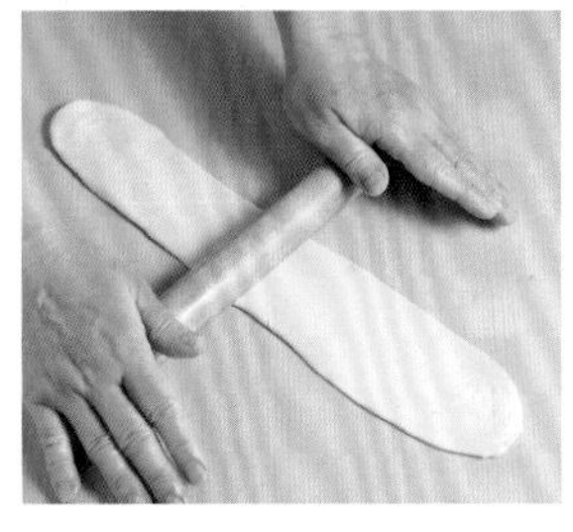

4 **擀皮**：將麵糰搓長，案板上抹些油，再擀成長約45公分的片狀。

5 順著薄麵皮的筋性輕輕地拉長，再抹上均勻的沙拉油（未列入材料內）。

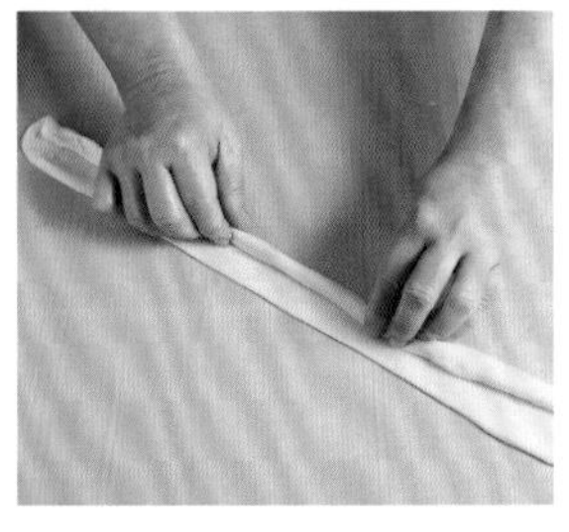

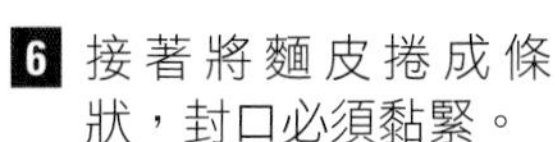

6 接著將麵皮捲成條狀，封口必須黏緊。

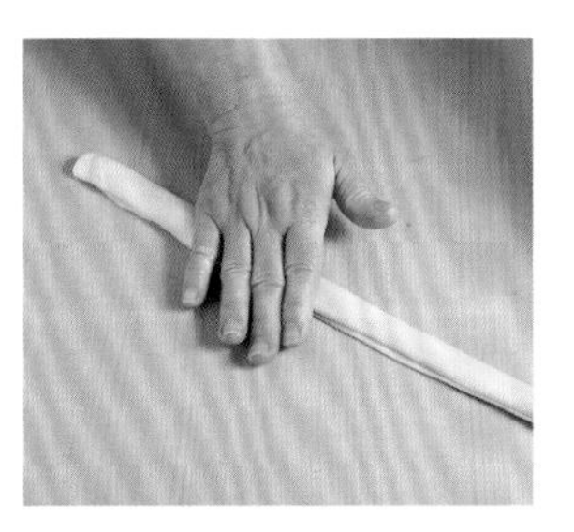

7 **整形**：用手輕拍長條麵糰，將內部空氣從兩側擠出，再順著筋性圈成螺旋狀，尾端麵糰捏扁再塞入底部，放在室溫下鬆弛約30分鐘。

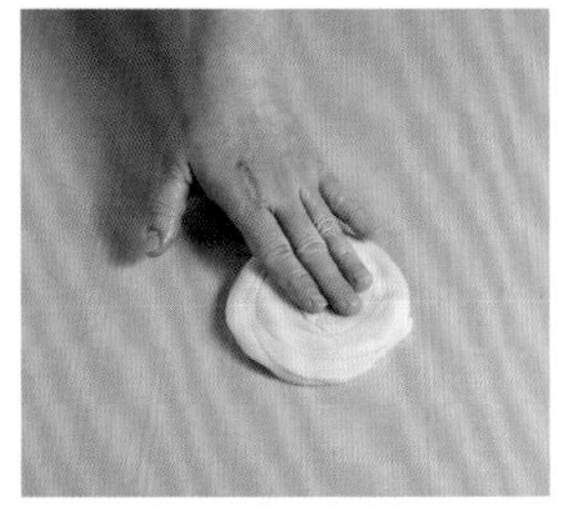

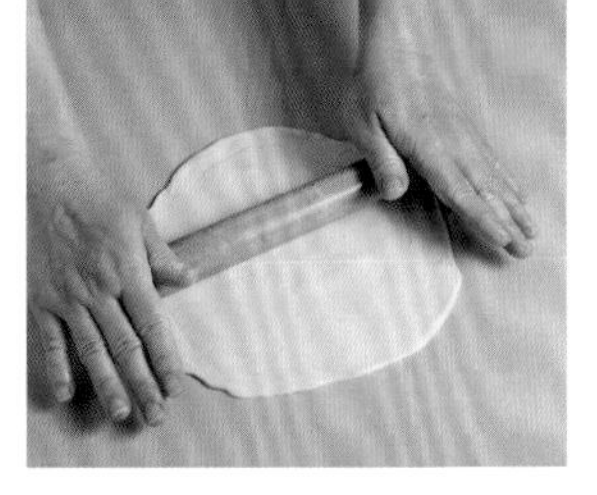

8 **擀薄**：將麵糰輕輕地壓平，再從中心處向外擀開，儘量將麵糰擀薄。

9 **油煎**：平底鍋稍微加熱，倒入約1大匙的沙拉油，放入薄麵皮，以中小火煎至兩面成金黃色即可。

★做法9：擀好的薄麵皮非常軟，可捲在擀麵棍上，再輕輕地攤開鋪在平底鍋內。

春餅

全燙麵

參見DVD示範

立春吃「春餅」，兩片餅皮之間因為有抹油，故可輕易撕開，有如荷葉餅的做法及吃法，捲著醬料、肉類、大蔥……等，頗具飽足感；用全燙麵及蒸的方式製作，口感更加軟嫩。

材料 份量：10張

麵糰（全燙麵）
中筋麵粉 300克
滾水 190克
鹽 1/4小匙

砸水
冷水 15克

做法

1 全燙麵：依p.37「全燙麵」的做法，將中筋麵粉、滾水及鹽混合，輕輕地搓揉成糰。

2 砸水（請看「提醒」）：將冷水分2～3次倒在麵糰上，用拳頭不停地搥，將水砸入麵糰內，再用手搓揉均勻。

3 鬆弛：麵糰上撒些麵粉，蓋上保鮮膜，放在室溫下鬆弛約50分鐘。

4 分割：將麵糰揪成10等分（或用刮板分割），整成圓形，並將底部捏緊，鬆弛約10分鐘。

5 整形：將小麵糰壓平（案板上撒些粉），表面抹上均勻的沙拉油。

6 接著撒上少許的麵粉，再將兩塊小麵糰重疊，再鬆弛約15分鐘。

7 擀薄：用手將麵糰捏扁（較易擀平），再從中心處向外擀開，儘量將麵糰擀薄，直徑約20公分。

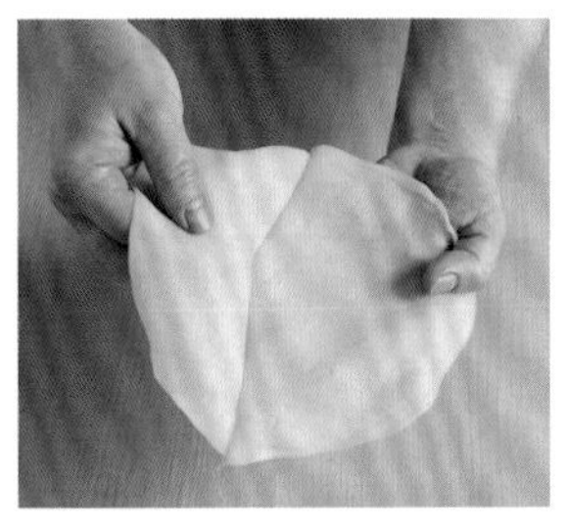

8 蒸製：將擀好的薄麵皮重疊（不需抹油）放入蒸籠內，水滾後放上蒸籠，以中大火蒸約10~12分鐘即可。

9 待麵皮冷卻後，撕開成2張餅，包入自己喜愛的配料食用。

提醒

★砸水：以水量稍低的方式製作全燙麵，滾水及麵粉混合搓揉成糰後，再將冷水砸進麵糰中，與半燙麵製法相較，更具韌性及柔軟度，非常適合這道蒸製的「春餅」。砸水時，分次倒入冷水，用拳頭不停地搥入麵糰內，邊搥邊翻動麵糰，水分完全吸收後，再搓揉均勻即可。

★做法5~6：麵糰壓平後，在表面抹油並撒粉，有助於2張麵皮蒸熟後易於撕開；也可改用p.16「稀油酥」，抹在小麵糰上。

★做法7：麵皮儘量擀薄，包著配料食用，口感較好。

芝麻燒餅

半燙麵＋軟油酥

參見DVD示範

人人熟悉的芝麻燒餅，夾著油條，配著豆漿，經典的品嚐方式；尤其是熱騰騰地咬下，滿溢的香氣令人滿足，其實做法很簡單，試試看，在家也能完成早餐店的人氣麵食喔！

材料　份量：10個

麵糰（半燙麵）
中筋麵粉 300克
滾水 120克
冷水 130克

軟油酥
中筋麵粉 90克
沙拉油 60克

配料
蛋液 20克
生的白芝麻 50克

做法

1 半燙麵：依p.35「半燙麵」的做法，將中筋麵粉、滾水及冷水混合，輕輕地搓揉成糰即可（這個麵糰會黏手，不要刻意再加麵粉）。

2 鬆弛：麵糰上抹些油，蓋上保鮮膜，放在室溫下鬆弛約60分鐘。

3 軟油酥：依p.17「軟油酥(二)」的做法，製作完成，冷卻備用。

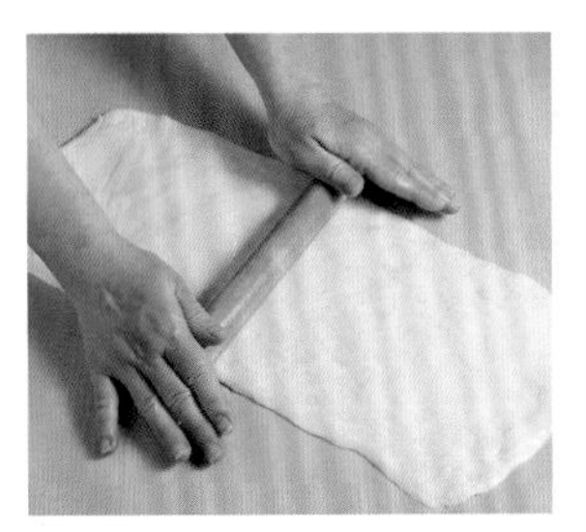

4 麵糰＋油酥：依p.20「大包酥」的做法，案板上抹些油，將麵糰壓平，再擀成長約45公分、寬約20公分的長方形，接著將軟油酥全部倒在麵皮上抹勻。

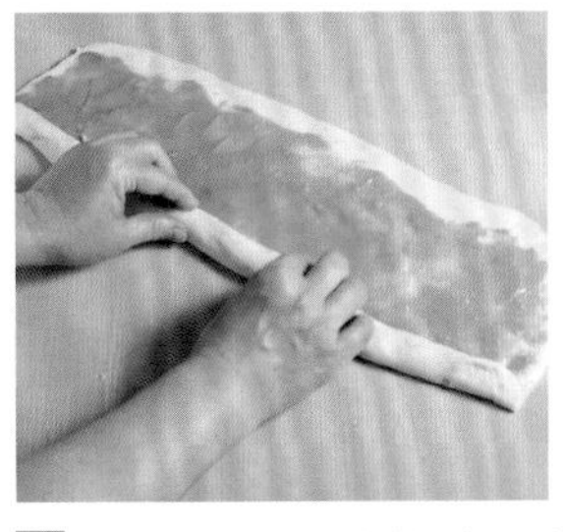

5 分割：將麵皮捲成長條狀，再輕輕地捏勻，並擠出空氣，麵糰長約65公分，再切割成10等分。

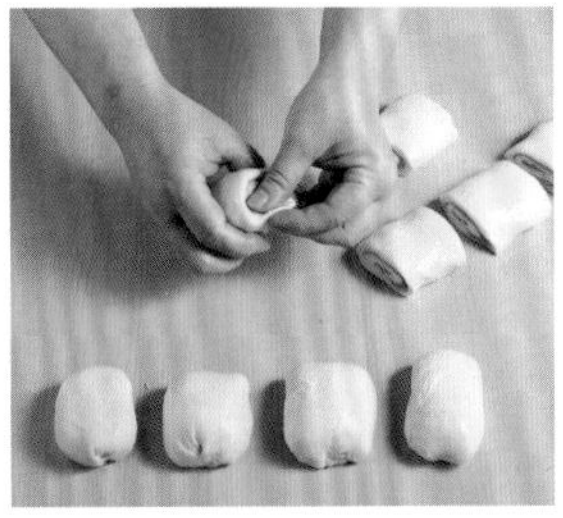

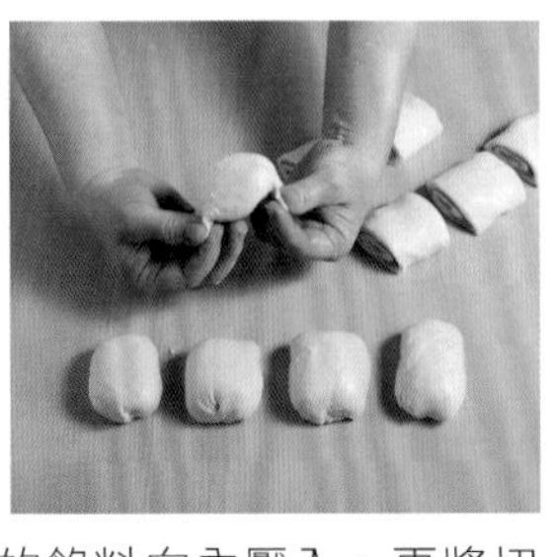

6 整形：將麵糰兩端切口的餡料向內壓入，再將切口黏合並塞入底部，鬆弛約10分鐘。

7 將麵糰壓平，再擀成橢圓形，長度約12公分，翻面後將上、下兩側向內對摺成長方形，鬆弛約15分鐘。

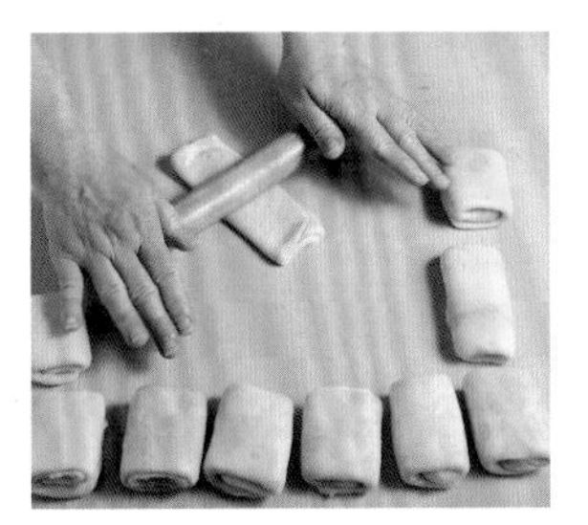

8 將麵糰封口朝上再擀薄，直接將上、下兩側向內對摺成長方形，蓋上保鮮膜，再鬆弛約15分鐘。

9 擀薄：將麵糰表面刷上均勻的蛋液，再沾上生的白芝麻，接著輕輕地擀薄，鋪排在烤盤上（芝麻面朝下）。

10 烘烤：烤箱預熱後，以上、下火約220℃烤約15分鐘，待麵糰膨脹後再翻面，續烤約10分鐘，兩面成金黃色即可。

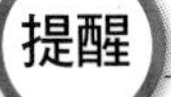

提醒

★做法7~8：麵糰要確實鬆弛，才有助於擀長的動作，否則容易破酥。

麻醬紅糖酥餅

半燙麵＋麻醬紅糖餡

以紅糖製成麵皮及餡料，由裏到外呈現紅糖的色澤及風味，
並利用白芝麻醬調和甜味，非常特別的甜酥餅。

材料　份量：1個

麵糰（半燙麵）

冷水 80克
紅糖 30克
中筋麵粉 200克
冷水 60克

麻醬紅糖餡

白芝麻醬 40克
紅糖 40克
鹽 1/4小匙

提醒

★**做法1**：煮熱紅糖水之前，中筋麵粉及冷水必須先備妥。

★**做法4**：麻醬紅糖餡中的白芝麻醬秤重時，必須帶點油量，與紅糖及鹽混合後，呈現滑順狀，因此必須加點芝麻醬內的油，調和成可塗抹的軟度即可。

★麻醬紅糖餡的份量不多，鋪在麵糰上時，只要平均分布再抹開即可。

做法

1 熱紅糖水：冷水80克及紅糖30克一起放入鍋內攪拌，待紅糖完全融化後，再開小火煮滾（鍋邊冒泡滾動）即熄火。

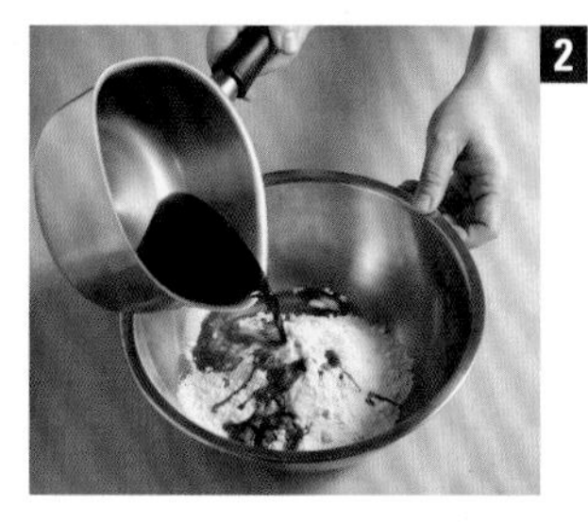

2 半燙麵：依p.35「半燙麵」的做法，熱紅糖水煮滾後，立刻沖入麵粉中，用筷子攪勻，接著倒入冷水，攪勻後再用手輕輕地搓揉成糰即可（這個麵糰會黏手，不要刻意再加麵粉）。

3 鬆弛：麵糰上抹些油，稍微搓揉均勻，蓋上保鮮膜，放在室溫下鬆弛約60分鐘。

4 麻醬紅糖餡：白芝麻醬加紅糖及鹽稍微攪勻，再隔水加熱，將紅糖加熱融化。

5 鋪餡：案板上抹些油，將麵糰壓平，再擀成長約35公分、寬約20公分的長方形，翻面後將麻醬紅糖餡約1/2的量平均地抹在麵糰上。

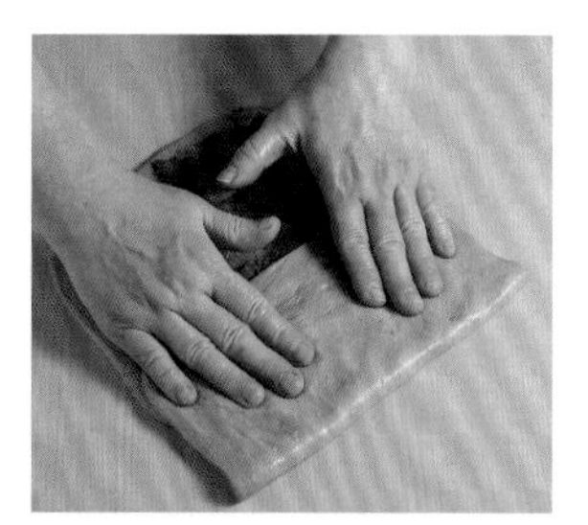

6 整形：將麵皮反摺至2/3處，並用手壓平，再將另一側反摺，同樣也要壓平。

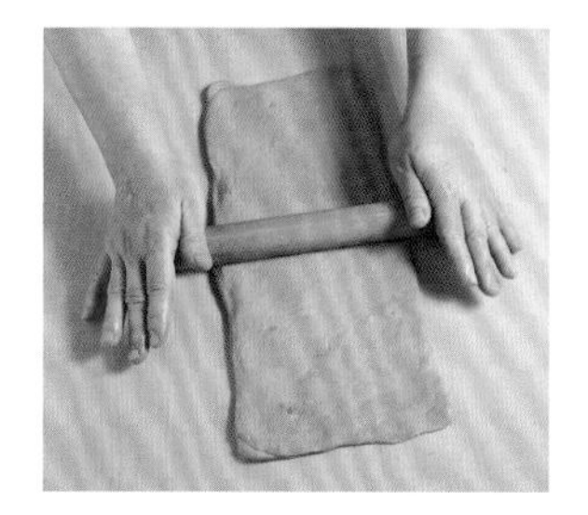

7 接著將麵糰輕輕地擀開（面積變大即可），再將剩餘的麻醬紅糖餡平均地抹在麵糰上。

8 再依做法6將長方形麵糰兩側向內對摺，壓平後將三邊開口黏緊，放在室溫下鬆弛約10分鐘。

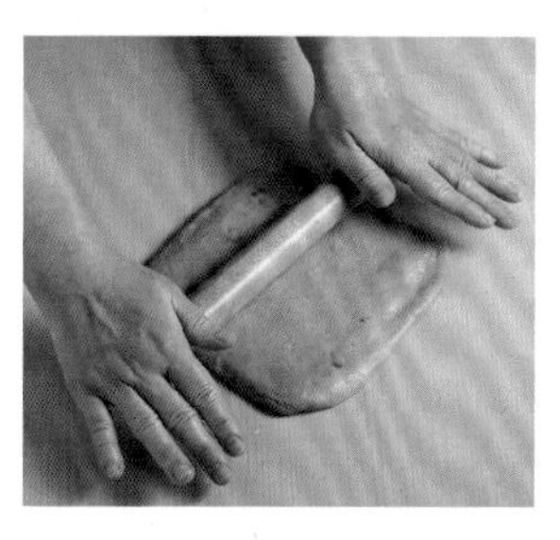

9 擀麵糰：輕輕地將麵糰擀開，儘量厚薄一致，厚度約1公分，再鬆弛約10分鐘。

10 油煎：平底鍋稍微加熱，倒入約1大匙的沙拉油，放入麵糰以小火加熱，約3~5分鐘後底部如已定型即可翻面，煎至兩面酥脆成金黃色即可。

紫薯餅

薯泥麵糰

富含澱粉、糖分及纖維質的番薯（地瓜），無論烤熟後直接食用，還是製成泥狀，做成各式糕點，都是極易變化的食材；而加點「配料」搓揉成糰再油煎，即是一道可口的甜點喔！

材料　份量：10個

紫薯（紫色地瓜） 125克（去皮後）
馬鈴薯 50克（去皮後）
糖粉 55克
中筋麵粉 80克
無鹽奶油（融化） 20克

配料
生的白芝麻 20克

做法

1 紫薯及馬鈴薯切片，厚約0.5公分，蒸熟後趁熱用擀麵棍一起搗成細緻的泥狀。

2 **薯泥麵糰**：將糖粉及中筋麵粉倒入冷卻後的薯泥內，用手混合成鬆散狀（不要成糰）。

3 接著將融化（或軟化）的無鹽奶油倒入做法2內。

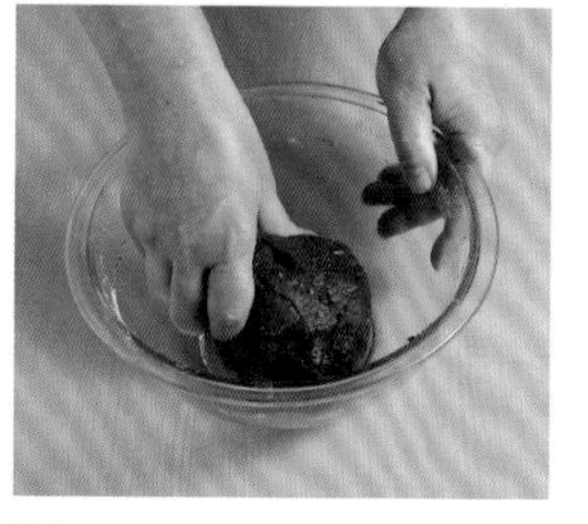

4 **鬆弛**：用手輕輕地搓成糰狀，蓋上保鮮膜，放在室溫下鬆弛約10分鐘。

5 **分割**：將麵糰分割成10等分，輕輕地搓圓。

6 將麵糰表面沾滿生的白芝麻，放在室溫下鬆弛約5分鐘。

7 **整形**：再用手輕輕地壓平，直徑約6公分，再將麵糰邊緣稍微搓圓，放在室溫下鬆弛約10分鐘。

8 **油煎**：平底鍋稍微加熱，倒入約1大匙沙拉油，將麵糰放入鍋內，用小火加熱，約2~3分鐘後翻面繼續加熱，白芝麻煎成淡淡金黃色即可。

★材料中的紫薯（紫色地瓜）也可改用其他顏色的地瓜來製作。

★**做法8**：油煎時，必須小火加熱，並不時地翻面，以免燒焦。

芝麻蔥香捲餅

半燙麵＋芝麻蔥香肉餡

利用隨手可得的食材，加以拌炒後，捲在麵皮內烙熟，即是一道鹹香開胃的麵食；重點是，在麵皮整形上做些變化，切條捲起再擀平，同樣具有層次的口感效果。

材料 份量：2個

麵糰（半燙麵）
中筋麵粉 200克
滾水 80克
冷水 60克

芝麻蔥香肉餡
蔥白 35克
豬絞肉 100克
醬油 1大匙
鹽 1/2小匙
白胡椒粉 1/2小匙
五香粉 1/4小匙
（鹽、白胡椒粉、五香粉：混合）
蔥青 35克
熟的白芝麻 20克

做法

1 **半燙麵**：依p.35「半燙麵」的做法，將中筋麵粉、滾水及冷水混合，輕輕地搓揉成糰，放在室溫下鬆弛約50分鐘。

2 **芝麻蔥香肉餡**：炒鍋加熱後，倒入約2小匙的沙拉油（未列入材料內），將蔥白炒香。

3 接著倒入豬絞肉，用中小火炒到顏色變白，再加入醬油炒至湯汁收乾即熄火。

4 將鹽、白胡椒粉及五香粉一起倒入鍋內，炒勻後加入蔥青及熟的白芝麻，拌勻後起鍋放涼備用。

5 **分割、擀麵糰**：將麵糰分割成2等分，分別整成圓形後壓平，再擀成長方形，案板上抹些油，邊擀邊用手將麵糰撐開成長約32公分、寬約25公分薄片，用刮板在麵糰約1/3處切出一排寬約0.5公分的長條。

提醒

★做法5：麵糰經過長時間鬆弛，具有延展性，可輕易將長方形麵糰再撐得更薄些，有助於成品具層次效果。

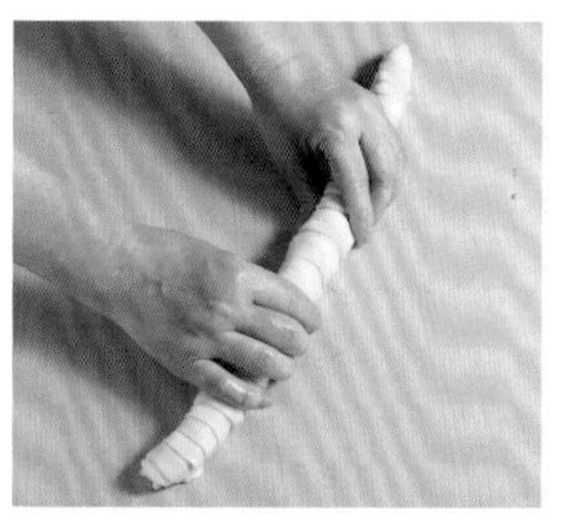

6 **鋪餡**：將餡料均勻地鋪在麵皮上（未切刀口處），再輕輕地捲成長條狀。

7 **整形**：用手將麵糰稍微搓勻，並擠出空氣，再將麵糰盤成螺旋狀，尾端捏扁再塞入底部，放在室溫下鬆弛約15分鐘。

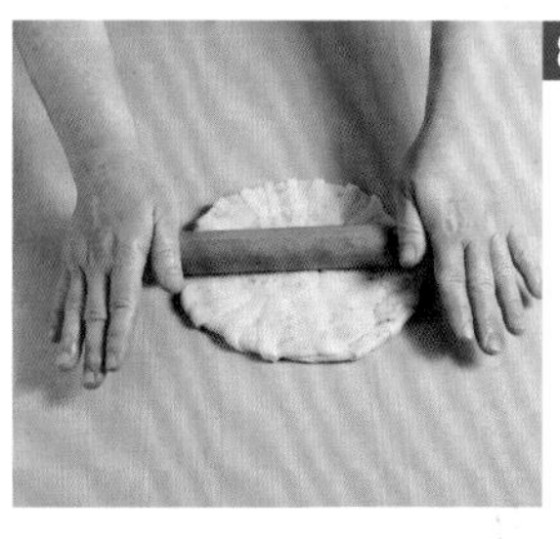

8 **擀麵糰**：將麵糰壓平，再從中心處向周圍擀開，直徑約18公分。

9 **油煎**：平底鍋稍微加熱，倒入約1大匙的沙拉油，放入麵糰以小火加熱，約3~5分鐘後底部如已定型即可翻面，煎至兩面成金黃色即可。

酥炸蔥肉餅

半燙麵＋蔥肉餡

蔥花製成的麵食，變化無窮，永遠吃不膩；強烈建議，一定要擀薄並油炸，趁熱享用，既過癮又滿足呀！

材料　份量：6個

麵糰（半燙麵）
中筋麵粉 250克
滾水 100克
冷水 90克

蔥肉餡
豬絞肉 90克
醬油 2小匙
鹽 1/2小匙＋1/4小匙
白胡椒粉 1/4小匙
白麻油 2小匙
蔥花 150克
白麻油 1小匙

做法

1 半燙麵：依p.35「半燙麵」的做法，將中筋麵粉、滾水及冷水混合，輕輕地搓揉成糰（這個麵糰會黏手，不要刻意再加麵粉）。

2 鬆弛：麵糰上抹些油，蓋上保鮮膜，放在室溫下鬆弛約50分鐘。

3 蔥肉餡：豬絞肉加醬油及鹽，用筷子不停地攪成黏稠狀，再加入白胡椒粉及白麻油2小匙攪勻。

4 倒入蔥花後，再加入白麻油1小匙攪勻。

5 分割：將麵糰搓長，再均分成6等分，整成圓形，並將底部捏緊，鬆弛約10分鐘。

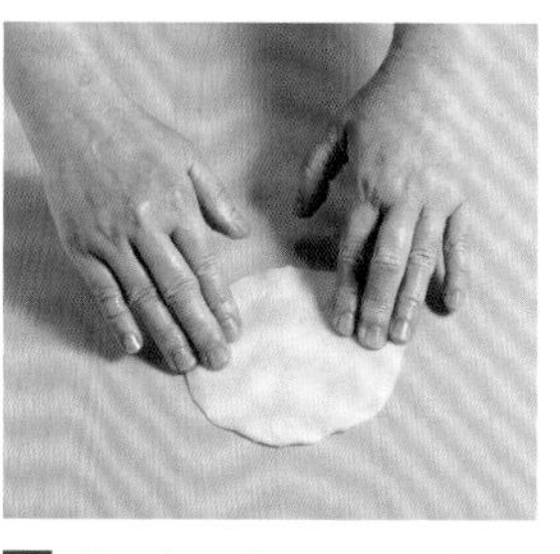

6 整形：將每份小麵糰先壓平，再用雙手攤開（或用擀麵棍擀開），成為直徑約15公分的圓片狀（中間厚、周圍薄）。

7 包餡：包入約43~45克的蔥肉餡，將麵糰四周聚合，將收口黏緊，放在室溫下鬆弛約10分鐘（麵糰底部要抹油）。

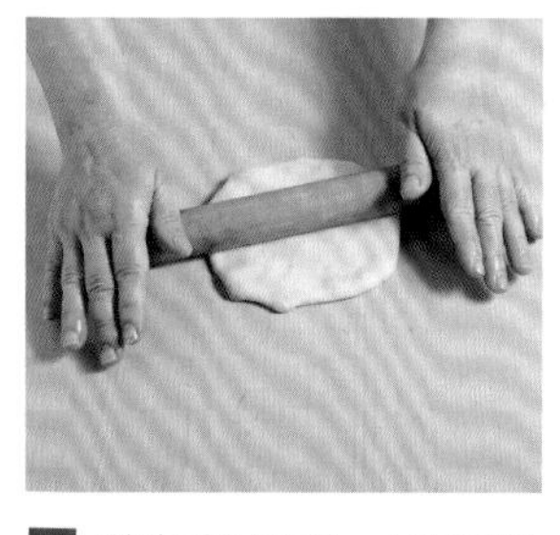

8 將麵糰壓平，再輕輕地由中心向周圍擀開（注意不要擀破），直徑約12公分。

9 油炸：平底鍋加熱後，倒入沙拉油（油量約達麵糰高度的一半），將麵糰正面朝上放入鍋內，以中小火油炸成兩面成金黃色即可。

★做法6：麵糰確實鬆弛後，則可用雙手輕易地攤開成薄片；將麵皮攤大些，有助於包餡後可順利擀薄。

肉丁菠菜餡餅

半燙麵＋肉丁菠菜餡

品名特別強調「肉丁」，表示「切法」要注意；軟軟的菠菜調在醬香十足的肉丁內，多汁又滑口，一定要做做看。

材料　份量：10個

麵糰（半燙麵）
中筋麵粉　260克
滾水　70克
冷水　100克

肉丁菠菜餡
菠菜　400克（淨重）
五花肉（豬肉）　100克
蔥白　30克
醬油　1大匙
辣豆瓣醬　1大匙
鹽　1/2小匙
細砂糖　1/4小匙
白麻油　1大匙

做法

1 半燙麵：依p.35「半燙麵」的做法，將中筋麵粉、滾水及冷水混合，輕輕地搓揉成糰。

2 鬆弛：麵糰上撒些麵粉，蓋上保鮮膜，放在室溫下鬆弛約50分鐘。

3 肉丁菠菜餡：菠菜洗乾淨後，用滾水汆燙（攪動一下立即撈出），接著用冷水漂涼並擠乾水分，再切成丁狀（約0.8公分）。

4 將五花肉切成丁狀（約0.8公分）。

5 鍋中放入約2小匙的沙拉油，用中小火將蔥白炒香，再放入五花肉丁，炒至顏色變白，再依序倒入醬油及辣豆瓣醬，繼續炒至湯汁收乾即熄火。

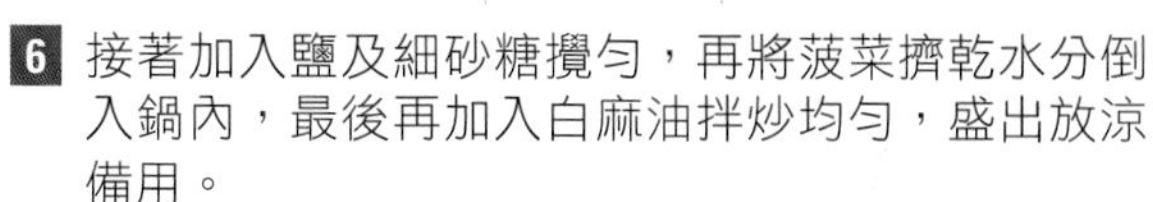

6 接著加入鹽及細砂糖攪勻，再將菠菜擠乾水分倒入鍋內，最後再加入白麻油拌炒均勻，盛出放涼備用。

7 分割、擀皮：將麵糰搓長，再均分成10等分，整成圓形，並將底部捏緊，鬆弛約10分鐘。將每份小麵糰先壓平，再擀成中間厚、周圍薄的圓片狀（直徑約11～12公分）。

8 包餡：麵皮全部擀完後，再分別包入約35~37克的肉丁菠菜餡，將麵糰四周聚合，將收口黏緊。

9 油煎：平底鍋稍微加熱，倒入約1大匙的沙拉油，將麵糰正面朝上放入鍋內，以中小火加熱，待底部定型即可翻面，煎至兩面成金黃色即可。

提醒

★以五花肉製作，切成丁狀，與菠菜組合成餡料，增添口感及香氣；五花肉煸炒時，會釋出油脂，因此爆香蔥白時，只要少量的油即可。

★**做法7**：將麵皮擀大些，再包入餡料，放在工作檯上收口並黏緊，較易製成薄皮餡餅。

麥香軟餅

全燙麵＋冷水麵

中式的薄餅種類繁多，看似大同小異的材料，但往往因為水量的差異或熟製方式改變，而有不同的口感；這道單純的「麥香軟餅」，夾上各式配料後，即是受歡迎的美味主食。

材料 份量：12 張

麵糰（全燙麵）
滾水 65克
中筋麵粉 75克

麵糰（冷水麵）
全麥麵粉 100克
中筋麵粉 50克
冷水 100克

做法

1 全燙麵：依p.37「全燙麵」的做法，將滾水倒入中筋麵粉內，用筷子用力攪成糰，蓋上保鮮膜，冷卻備用。

2 冷水麵：全麥麵粉及中筋麵粉混合均勻，再倒入冷水，用筷子稍微混合（尚未成糰）。

3 全燙麵＋冷水麵：接著將做法1的麵糰放入做法2內，一起搓揉成糰。

4 鬆弛：麵糰上抹些油，蓋上保鮮膜，放在室溫下鬆弛約50分鐘。

5 分割：將麵糰搓長，再均分成12等分，整成圓形，並將底部捏緊，鬆弛約10分鐘。

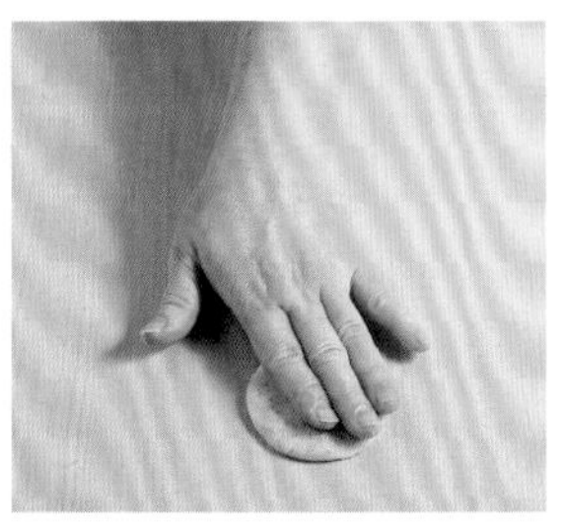

6 整形：案板上抹油，將麵糰壓平，再擀成圓片狀（儘量擀薄）。

7 乾烙：平底鍋加熱後，將麵皮放入鍋內，以小火乾烙，當麵皮受熱變色即可翻面，再烙個數秒鐘即可。

提醒

★做法3：兩種麵糰混合搓揉時，分成數小塊再搓揉，可快速揉勻（請看p.7「麵糰怎麼揉？」）。

★做法6~7：麵糰儘量擀薄，在極短時間內即可烙熟，千萬別加熱過度，以免失去軟嫩口感。

★成品照的配料僅是簡單抹些甜麵醬及黃瓜片，亦可依個人喜愛，包入各式配料品嚐。

燒賣

半燙麵＋鮮蝦肉餡

中式的大宴小酌上，不乏見到「燒賣」的蹤影，小巧精緻、餡料甜美；
從調餡到自己和麵擀皮，困難度並不高，家常麵點值得動手做喔！

材料　份量：30個

麵糰（半燙麵）
中筋麵粉 200克
滾水 80克
冷水 60克

鮮蝦肉餡
豬絞肉 200克
鹽 1/2小匙
水 15克

醬油 1大匙
白胡椒粉 1/2小匙
蔥白 25克
薑泥 1/2小匙
新鮮蝦仁（切細丁） 150克
白麻油 1大匙

裝飾
芹菜末 適量

做法

1 半燙麵：依p.35「半燙麵」的做法，將中筋麵粉、滾水及冷水混合，輕輕地搓揉成糰。

2 鬆弛：麵糰上撒些麵粉，蓋上保鮮膜，放在室溫下鬆弛約50分鐘。

3 鮮蝦肉餡：豬絞肉加鹽及水攪勻，再依序倒入醬油、白胡椒粉、蔥白、薑泥及蝦仁丁，最後淋上白麻油攪勻。

4 分割：將麵糰搓長，再以滾刀法（p.9）分割成30等分，並將每份小麵糰用手捏圓。

5 擀皮：將麵糰儘量擀薄，成直徑約8公分的圓片狀。

6 包餡：包入鮮蝦肉餡約13~14克，用食指及拇指將麵皮兜攏捏圓，麵皮向外翻開，再用湯匙將表面餡料壓平。

7 將適量的芹菜末撒在餡料表面。

8 蒸製：將燒賣放入蒸籠內，水滾後用中大火蒸約8分鐘。

提醒

★做法4：可依個人喜好，分割所需數量，儘量控制大小一致，才不會影響成品的熟度。

菜肉餛飩

冷水麵＋菜肉餡

菜肉餛飩的「菜」，肯定是主角；與水餃類似，同樣是冷水麵的皮，
包著餡料入鍋水煮，然而皮薄餡多的菜肉大餛飩，卻另加配料及高湯食用，
呈現不同的品嚐樂趣，這就是中式麵食的奧妙之處。

材料 份量：16個

麵糰（冷水麵）
中筋麵粉 250克
冷水 85克
全蛋 50克

菜肉餡
蝦皮 5克
青江菜 300克（淨重）
豬絞肉 200克
鹽 1/2小匙
水 1大匙
醬油 1大匙
蔥花 20克
白胡椒粉 1/2小匙
白麻油 2大匙

做法

1 冷水麵：依p.34「冷水麵」的做法，將中筋麵粉、冷水及全蛋混合，搓揉成糰。

2 鬆弛：麵糰上撒些麵粉，蓋上保鮮膜，放在室溫下鬆弛約60分鐘。

3 菜肉餡：蝦皮洗乾淨，擠乾水分備用，青江菜洗乾淨，用滾水汆燙（攪動一下立即撈出），接著用冷水漂涼並擠乾水分，再切成丁狀。

4 豬絞肉加鹽及水攪勻，再倒入醬油及蝦皮，接著依序倒入蔥花、白胡椒粉及青江菜（將水分擠乾），最後倒入白麻油調勻。

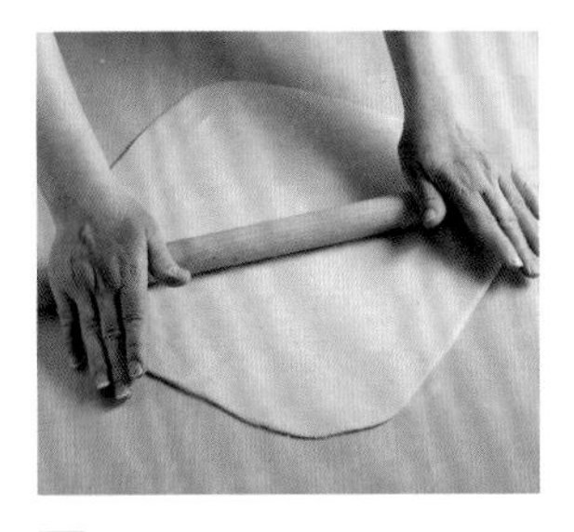

5 擀皮：案板上撒些粉，將麵糰壓平，再擀成正方形。

6 分割：儘量擀成厚薄一致的正方形，長寬約40公分，再分割成16等分（兩邊各切4等分）。

7 擀薄、包餡：將每片麵皮儘量擀薄，再包入菜肉餡約28~30公克，並將麵皮兩側對摺黏合。

8 整形：再將麵皮兩側黏合，並將黏合處的麵皮向外翻開。

9 建議：湯碗內放入蛋皮絲、芹菜末及適量的醬油及鹽。

10 水煮：水滾後放入餛飩，用中火煮熟，撈起後放入碗內，再倒入熱高湯。

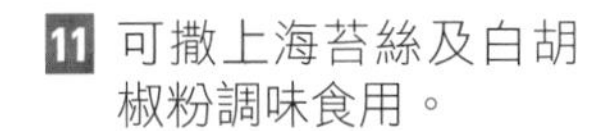

11 可撒上海苔絲及白胡椒粉調味食用。

提醒

★做法6~7：麵糰擀成薄片的正方形，必須力道控制好；如不易操作，可將麵糰分割後，再擀成薄的圓片狀。

★食用時，可依個人喜好撒上任何配料。

蟹殼黃

半燙麵＋軟油酥
＋蔥花餡

「蟹殼黃」是中國江浙一帶的麵點，因烤後的外觀，呈現金黃色的殼，有如煮熟的蟹殼，因而得名。屬於小巧型的燒餅，最好用豬油製作，同時包著點到為止的肥油丁及蔥花，更是香濃美味。

材料　份量：15個

麵糰（半燙麵）
中筋麵粉 150克
滾水 60克
冷水 50克
沙拉油 10克

軟油酥
沙拉油 60克
中筋麵粉 100克

蔥花餡
蔥花 100克
沙拉油 15克
中筋麵粉 10克
白胡椒粉 1/2小匙
鹽 1小匙

配料
蛋液 25克
生的白芝麻 25克

做法

1 半燙麵：依p.35「半燙麵」的做法，將中筋麵粉、滾水及冷水混合，用筷子稍微混合成糰，接著倒入沙拉油輕輕地搓揉成糰。

2 鬆弛：麵糰上抹些油，蓋上保鮮膜，放在室溫下鬆弛約50分鐘。

3 軟油酥：如p.17「軟油酥(二)」的做法2，只要將沙拉油加熱至約160~170℃，即可沖入麵粉中攪勻（麵粉不用炒），冷卻備用。

4 分割：將麵糰搓長，再分割成15等分，軟油酥也分成15等分。

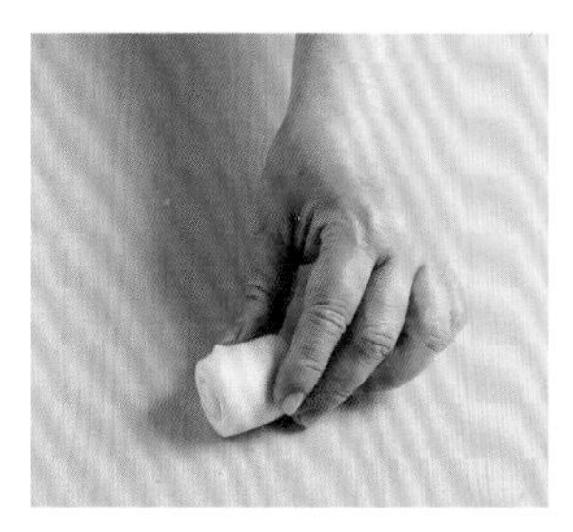

5 麵糰＋油酥：依p.22「小包酥」的做法，將軟油酥包入麵糰內，擀捲2次，蓋上保鮮膜，鬆弛約10分鐘。

6 蔥花餡：蔥花放入容器內，依序加入沙拉油、中筋麵粉、白胡椒粉及鹽，拌勻備用。

7 擀皮：將鬆弛後的麵糰先捏圓，再用雙手攤開成直徑約9~10公分的圓片狀（或用擀麵棍擀圓）。

8 包餡：包入蔥花餡約8~9克，將收口黏緊，在麵糰表面刷上均勻的蛋液，並沾裹上生的白芝麻，放入烤盤上再稍微壓扁。

9 烘烤：烤箱預熱後，以上火約220℃、下火約190℃烤約20分鐘，成金黃色即可。

提醒

★做法3：熱油直接沖入未炒過的麵粉中，因此軟油酥顏色較淺。

★蔥花餡調好後，要儘快使用，以免久置後水分釋出，影響包餡黏合；餡料內的沙拉油最好改以豬油（液態）製作，成品口感較香；全部材料拌勻後，可放入冷藏室，待豬油凝結後較易操作。

蘿蔔絲餅

半燙麵＋軟油酥
＋蘿蔔絲餡

利用油酥皮，配上飽滿的蘿蔔絲餡料，酥脆又甜口，實在是大家熱愛的街邊小吃；
尤其在白蘿蔔盛產時，一定要大展身手，好好品嚐喔！

材料 份量：10個

麵糰（半燙麵）
中筋麵粉 150克
滾水 60克
冷水 50克
沙拉油 10克

軟油酥
低筋麵粉 100克
沙拉油 40克

蘿蔔絲餡
白蘿蔔 500克（去皮後）
鹽 1小匙
豬絞肉 85克
鹽 1小匙+1/2小匙
白胡椒粉 1/2小匙
蔥白 25克
蔥青 25克
白麻油 2大匙

配料
蛋液 25克
生的白芝麻 35克

做法

1 半燙麵：依p.35「半燙麵」的做法，將中筋麵粉、滾水及冷水混合，用筷子稍微混合成糰，接著倒入沙拉油輕輕地搓揉成糰。

2 鬆弛：麵糰上抹些油，蓋上保鮮膜，放在室溫下鬆弛約50分鐘。

3 軟油酥：依p.17「軟油酥(一)」的做法，製作完成備用。

提醒

★做法3：麵糰要擀捲2次，為降低麵糰筋性，則以低筋麵粉製作軟油酥。

★做法4：白蘿蔔絲的水分一定要擠乾，以免影響包餡製作。

4 蘿蔔絲餡：白蘿蔔刨成絲狀，加1小匙的鹽攪勻，靜置約10分鐘左右，再擠乾水分備用。炒鍋稍微加熱，倒入約2小匙的沙拉油，倒入豬絞肉，用中小火炒至顏色變白，再加入1小匙的鹽及白胡椒粉，並倒入蔥白炒香。

5 熄火後，再倒入蔥青及蘿蔔絲，最後再加入鹽1/2小匙及白麻油，炒勻後放涼備用。

6 分割：將麵糰搓長，再分割成10等分，軟油酥也分成10等分。

7 麵糰＋油酥：依p.22「小包酥」的做法，將軟油酥包入麵糰內，擀捲2次，蓋上保鮮膜，鬆弛約10分鐘。

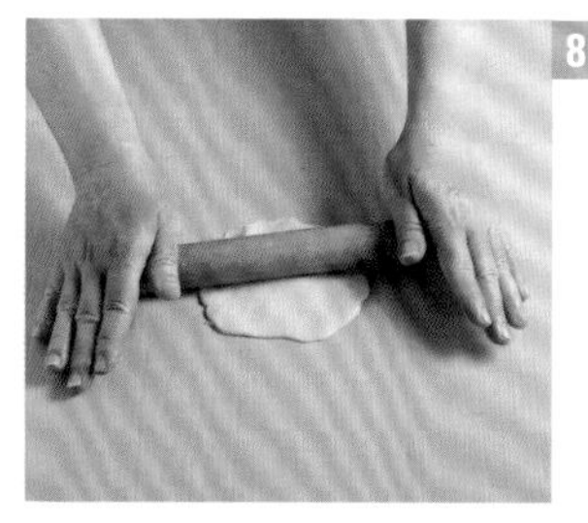

8 擀皮：將鬆弛後的麵糰先捏圓，將麵糰擀成直徑約12公分的圓片狀（中間厚，周圍薄）。

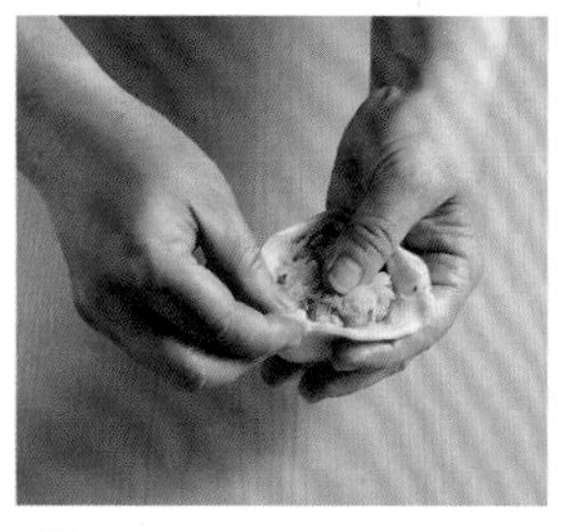

9 包餡：麵皮全部擀完後，分別包入蘿蔔絲餡約40公克，將收口黏緊，在麵皮表面刷上均勻的蛋液，並沾裹上生的白芝麻，再放入烤盤上。

10 烘烤：烤箱預熱後，以上火約220℃、下火約190℃烤約20~25分鐘，成金黃色即可。

炸糕

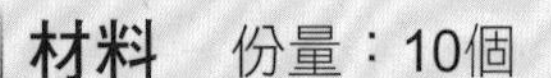

全燙麵＋黑芝麻餡

利用全燙麵的軟Q特質，以油炸方式，製成金黃酥脆的甜點，十分誘人；尤其包著濃濃的黑芝麻餡，香氣逼人，愛不釋口呀！

材料　份量：10個

麵糰（全燙麵）
中筋麵粉 180克
滾水 130克
沙拉油 10克

黑芝麻餡
無鹽奶油 50克
糖粉 35克
黑芝麻粉 65克

做法

1 全燙麵：依p.37「全燙麵」的做法，將滾水倒入中筋麵粉中，用筷子稍微混合，接著倒入沙拉油輕輕地搓揉成糰。

2 鬆弛：麵糰上抹些油，蓋上保鮮膜，放在室溫下鬆弛約60分鐘。

3 黑芝麻餡：無鹽奶油秤好後放在室溫下回軟，再加入糖粉及黑芝麻粉混合攪勻。

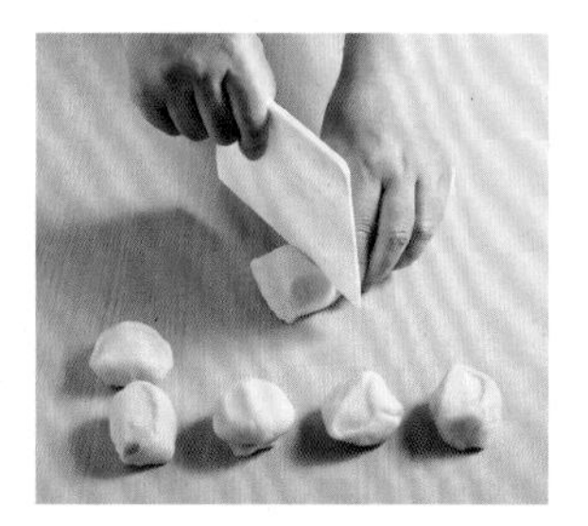

4 將混合好的黑芝麻餡放入冷藏室，約30分鐘凝固後，再均分成10等分備用。

5 分割：將麵糰搓長，再分割成10等分，將每份麵糰整成圓形後，將收口黏緊，麵糰鬆弛約5分鐘。

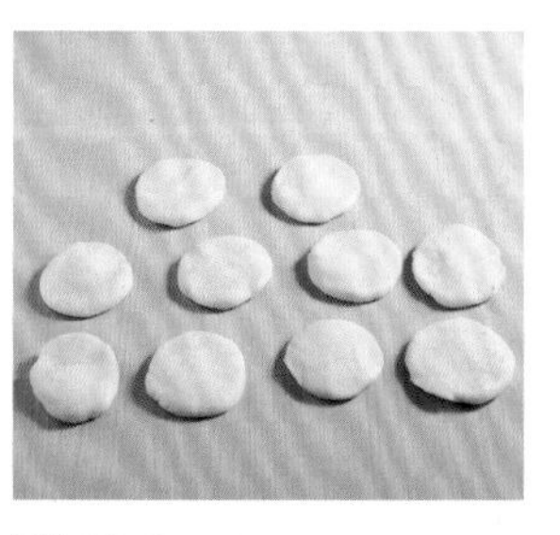

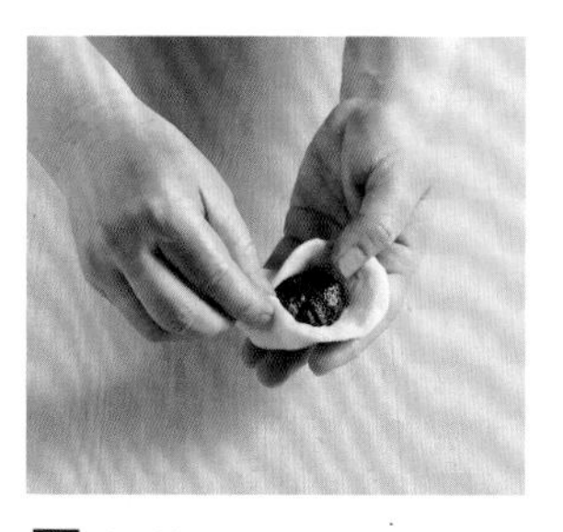

6 擀皮：麵糰全部壓平後，再分別擀成中間厚、周圍薄的圓片狀（直徑約10公分）。

7 包餡：麵皮全部擀完後，再分別包入黑芝麻餡，收口黏緊，放在室溫下鬆弛約10分鐘，再開始油炸。

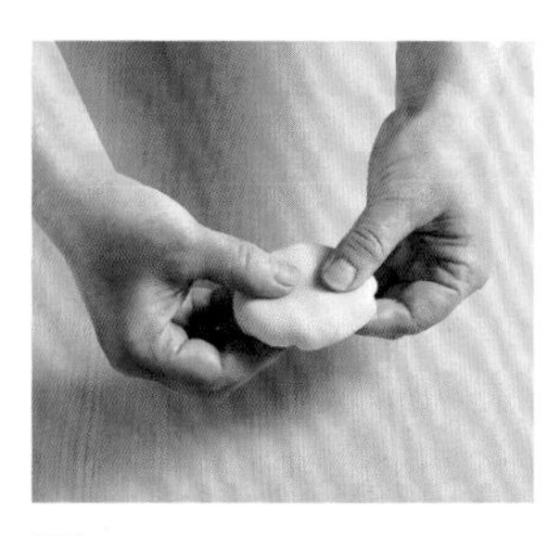

8 油炸：油溫約160℃，將麵糰稍微捏扁，再放入油鍋中，待麵糰定型後即可翻面，以小火炸成金黃色即可。

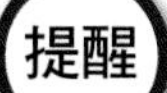

★**做法4**：黑芝麻餡放在室溫下，質地會呈現稀軟狀；因此包餡前，可冷藏凝固，較方便製作。

炸菜角

半燙麵＋韭菜豆皮餡

顧名思義，將蔬菜類的餡料以三角形呈現，並油炸成形；這道「炸菜角」，餡料中的豆皮是秘密武器，吸附醬汁後與韭菜融合，形成另一種爽口的美味，與「韭菜盒子」有異曲同工之妙；當然，餡料是可隨性更改的。

材料　份量：10個

麵糰（半燙麵）
中筋麵粉　150克
滾水　60克
冷水　50克
沙拉油　10克

韭菜豆皮餡
韭菜　100克（淨重）
豆皮　50克 ········>

細砂糖　1/4小匙
白胡椒粉　1/2小匙
白麻油　1大匙
全蛋　10克
蔥花　10克
醬油　1小匙
鹽　1/2小匙

做法

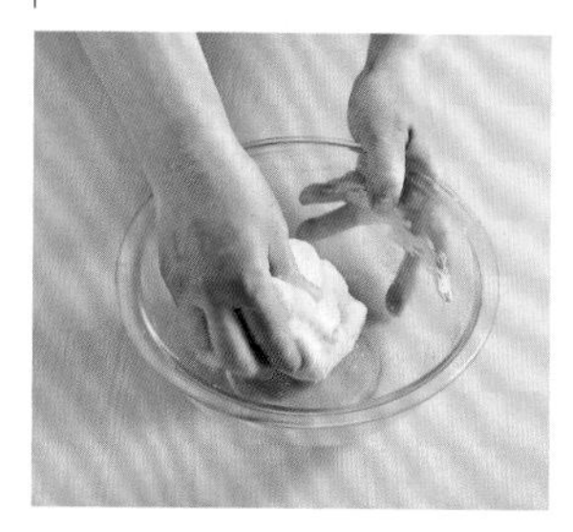

1 半燙麵：依p.35「半燙麵」的做法，將中筋麵粉、滾水及冷水混合，用筷子稍微攪拌，接著倒入沙拉油輕輕地搓揉成糰。

2 鬆弛：麵糰上抹些油，蓋上保鮮膜，放在室溫下鬆弛約50分鐘。

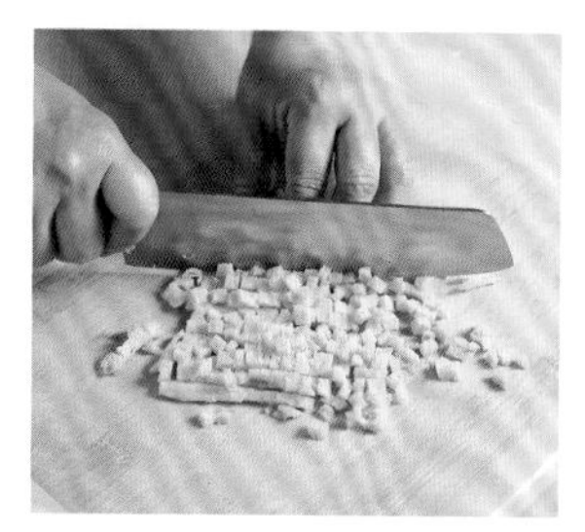

3 韭菜豆皮餡：韭菜洗乾淨滴乾水分，切碎備用；豆皮切成細丁狀，依序加入醬油、鹽、細砂糖、白胡椒粉、白麻油及全蛋攪勻備用，要使用時再倒入韭菜及蔥花拌勻。

4 分割：將麵糰搓長，再分割成5等分，將每份麵糰整成圓形後，將收口黏緊，鬆弛約5分鐘。

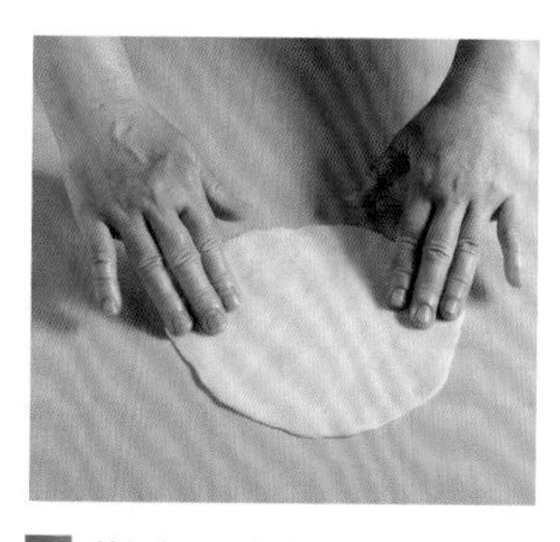

5 擀皮：案板上撒些粉，將麵糰擀成直徑約18~19公分的圓片狀，再分割成2等分。

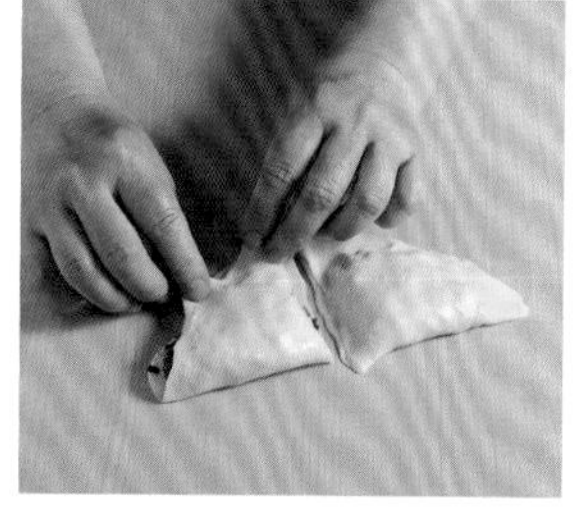

6 包餡：將韭菜豆皮餡約20克鋪在麵皮上，再黏合成三角形。

7 油炸：油溫約160℃，將麵糰放入油鍋中，待麵糰定型後再翻面，以小火炸成金黃色即可。

★做法3：韭菜與調過味的豆皮混合後，靜置一段時間會滲水，因此最好在包餡時再混合即可。

空心小燒餅

全燙麵

與 p.46「糖鼓燒餅」相同的製作原理，薄麵皮內包覆空氣、油脂或餡料等，
只要麵皮底部沒有「破皮」，都能受熱膨脹；當水分被烤乾後，口感即會特別酥脆。

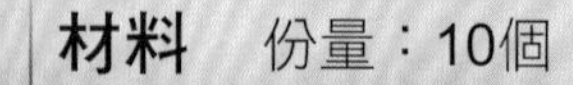

材料 份量：10個

麵糰（全燙麵）
中筋麵粉 200克
滾水 145克
沙拉油 20克

配料
蛋液 20克
生的白芝麻 25克

做法

1 **全燙麵**：依p.37「全燙麵」的做法，將滾水倒入中筋麵粉內，用筷子稍微混合，接著倒入沙拉油輕輕地搓揉成糰。

2 **鬆弛**：麵糰上抹些油，蓋上保鮮膜，放在室溫下鬆弛約60分鐘。

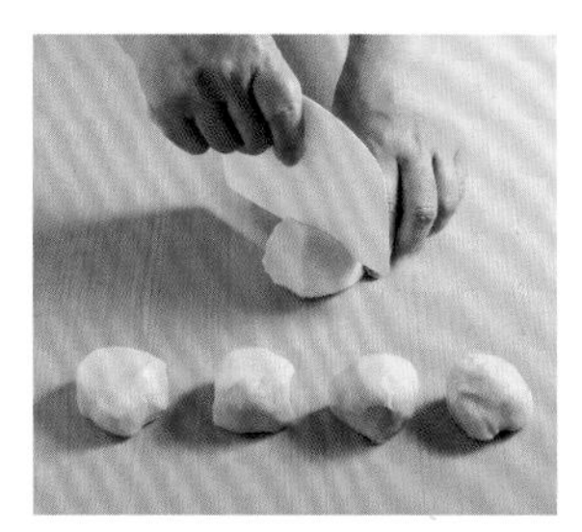

3 **分割**：將麵糰搓長，再分割成10等分，將每份麵糰整成圓形後，將底部收口確實黏緊。

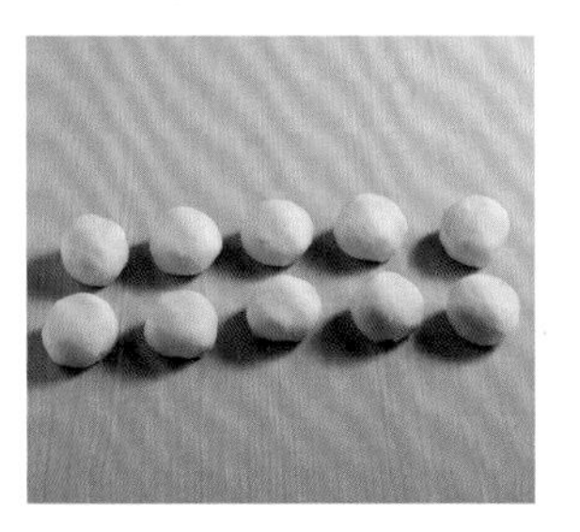

4 **鬆弛**：麵糰蓋上保鮮膜，在室溫下鬆弛約10分鐘。

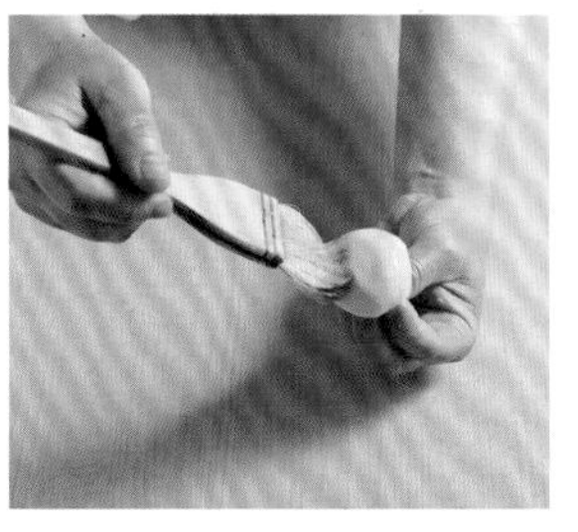

5 用手抓著麵糰底部，在表面刷上均勻的蛋液，並沾裹上生的白芝麻。

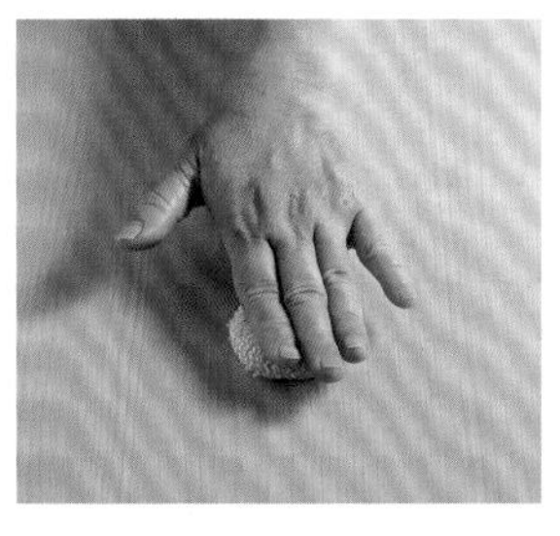

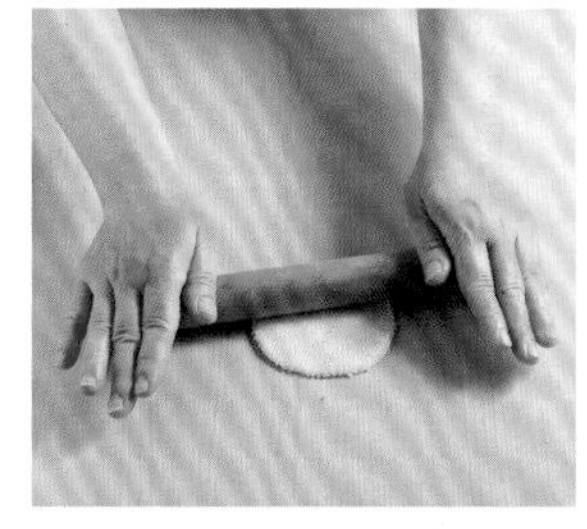

6 **擀皮**：將麵糰稍微捏扁，再擀成直徑約9~10公分的圓片狀，擀好後，直接放入烤盤上，鬆弛約10分鐘。

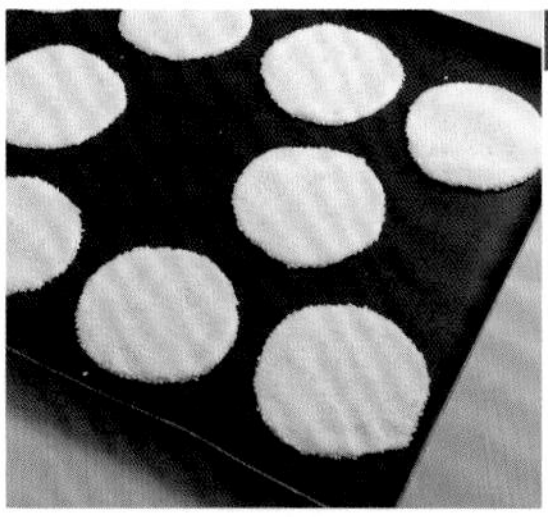

7 **烘烤**：烤箱預熱後，以上火約220℃、下火約190℃烤約18~23分鐘，成金黃色且膨脹即可。

提醒

★做法3、6：將分割後的麵糰捏成工整圓形，要注意底部必須黏緊成平滑狀；麵糰受熱後，才會包覆熱氣呈現膨脹現象；因此必須注意麵糰整形及擀平的動作，不可鬆散凌亂。

★食用時，將空心小燒餅剪開，即可包入個人喜愛的配料。

腐乳蔥香煎餅

半燙麵＋腐乳餡

這款煎餅用料非常平凡，餡料的蔥花仍是主角；但由於麵皮上抹了一層豆腐乳，而增添特有的鹹香口感。

材料　份量：5個

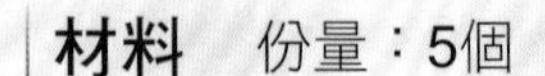

麵糰（半燙麵）
中筋麵粉 200克
滾水 80克
冷水 65克
沙拉油 5克

腐乳餡
豆腐乳 45克
細砂糖 5克
白麻油 10克

配料
熟的白芝麻 15克
蔥花 50克

做法

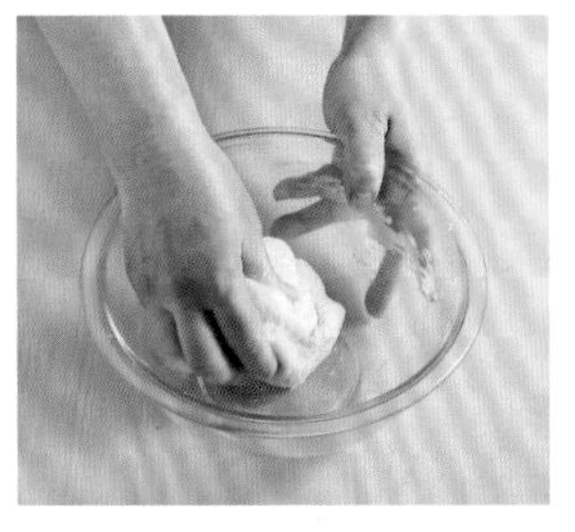

1 半燙麵：依p.35「半燙麵」的做法，將中筋麵粉、滾水及冷水混合，用筷子稍微攪拌，接著倒入沙拉油輕輕地搓揉成糰。

2 鬆弛：麵糰上抹些油，蓋上保鮮膜，放在室溫下鬆弛約50分鐘。

3 腐乳餡：豆腐乳加入細砂糖及白麻油，攪拌均勻備用。

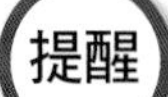

提醒

★做法3：不同品牌的豆腐乳，其鹹度均有不同，製作時，可以個人口味將份量做增減及調味。

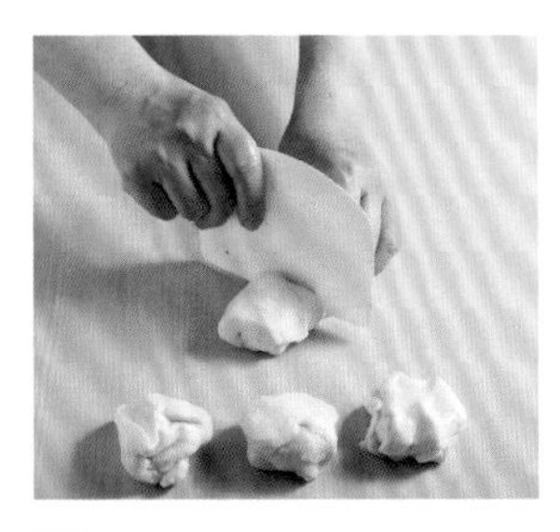

4 分割：將麵糰搓長，再分割成5等分，將每份麵糰整成圓形後，將收口黏緊，鬆弛約5分鐘。

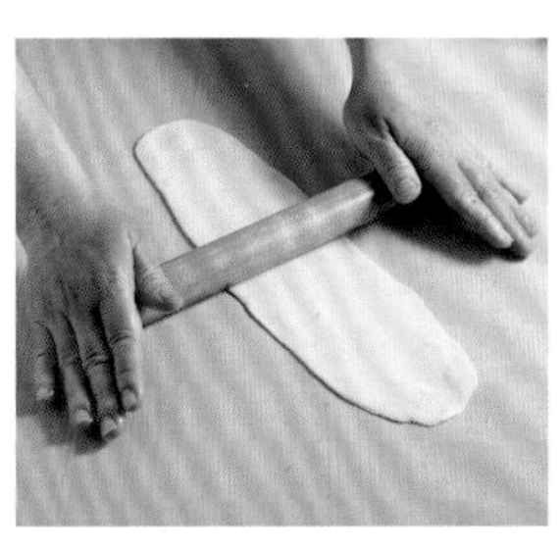

5 擀皮：案板上抹些油，將麵糰擀長，成為長約35公分、寬約10公分的長條狀。

6 抹餡：將腐乳餡（約1/5的份量）抹在麵皮上，再依序撒上熟的白芝麻及蔥花。

7 整形（p.11「螺旋狀」）：利用刮板將兩側麵皮黏合，再輕輕地盤成螺旋狀，將麵糰尾端捏扁再塞入底部。

8 鬆弛：麵糰蓋上保鮮膜，放在室溫下鬆弛約10分鐘。

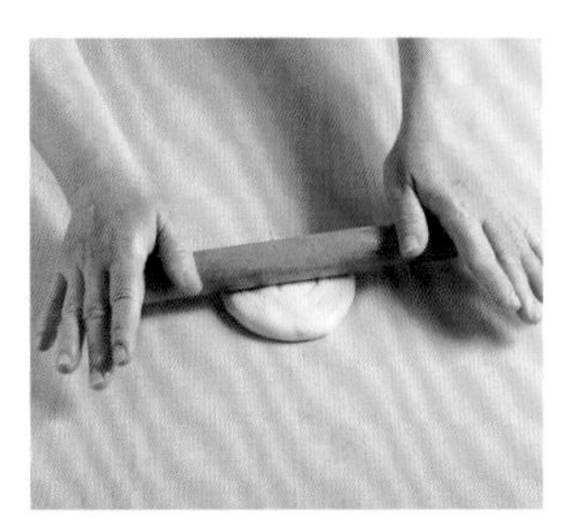

9 擀薄：將麵糰稍微壓扁，再輕輕地擀成直徑約8~9公分的圓形。

10 油煎：平底鍋稍微加熱，倒入約2大匙的沙拉油，將麵糰放入鍋內，以小火將兩面煎成金黃色即可。

茴香蒸餃

半燙麵＋茴香肉餡

茴香，帶有強烈香氣，細長的葉子及梗，分別拌入麵皮及內餡中，調味後更加爽口，尤其以蒸餃方式製作，更能鎖住飽滿的甜味。

材料　份量：25個

麵糰（半燙麵）
茴香 15克（取葉子部分）
中筋麵粉 150克
滾水 50克
冷水 50克

茴香肉餡
豬絞肉 180克
鹽 1/2小匙
水 2大匙
醬油 1小匙
蝦皮 15克
蔥花 15克
薑泥 1小匙
白胡椒粉 1/4小匙
茴香的莖（切細末） 25克
黑木耳（切細末） 40克
白麻油 1大匙

做法

1 半燙麵：茴香（取葉子）洗乾淨瀝乾，並用廚房紙巾擦乾再切碎；依p.35「半燙麵」的做法，將中筋麵粉、滾水及冷水混合，用筷子稍微攪拌，接著倒入茴香葉輕輕地搓揉成糰。

2 鬆弛：麵糰上撒些麵粉，蓋上保鮮膜，放在室溫下鬆弛約50分鐘。

3 茴香肉餡：豬絞肉加鹽及水（分2次加入），用筷子攪成黏稠狀，再依序加入醬油、蝦皮、蔥花、薑泥及白胡椒粉，攪勻後倒入茴香莖及黑木耳，最後淋上白麻油攪勻備用。

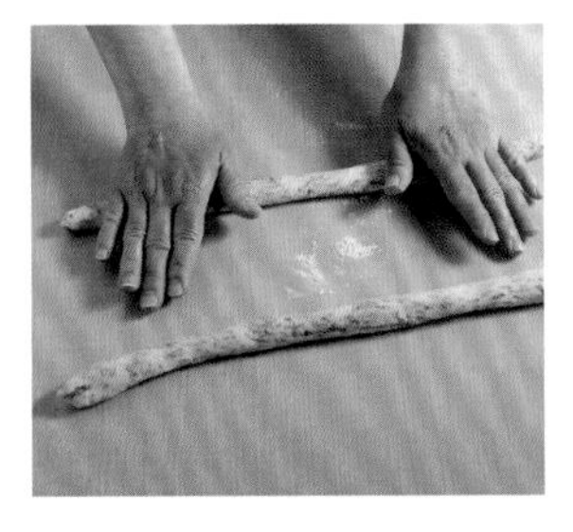

4 分割：將麵糰搓長，再以滾刀法（p.9）分割成約25個的小劑子（每個約10克），接著撒上麵粉，以防止沾黏。

5 擀皮：將麵糰捏圓再壓扁，再擀成直徑約7~8公分的圓片狀（中間厚，周圍薄）。

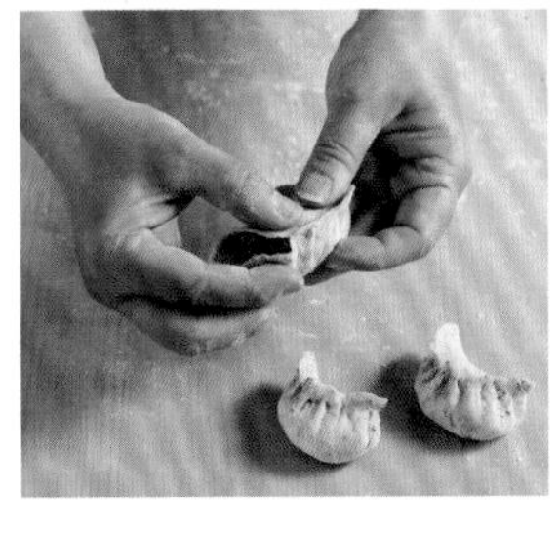

6 包餡：包入茴香肉餡約12克，將麵皮稍微對摺，在麵皮外側打摺黏合成彎曲狀，包好後放在防沾蠟紙上，並放入蒸籠內。

7 蒸製：水滾後，將蒸籠放在鍋上，用中大火蒸約10分鐘。

提醒

★做法3：調餡前，先將蝦皮洗淨瀝乾，並用廚房紙巾擦乾水分，黑木耳及茴香的莖（茴香葉用於麵糰內）洗乾淨再切成細末。

★在本書第183頁，特別收錄了《孟老師的中式麵食》中的兩種包水餃的方法，供讀者參考。

香煎薯餅

薯泥麵糊

以馬鈴薯泥為主料，另加簡單的配料及麵粉，隨個人口感喜好，調成適當的稠度，
並以洋蔥圈框成大小不一的圓薯餅；沾醬汁食用，當成菜餚或點心均適宜。

材料　份量：約16片

薯泥麵糊
馬鈴薯泥（生的）　150克
全蛋　60克
鹽　1/2小匙
白胡椒粉　1/4小匙
中筋麵粉　45克

配料
洋蔥　1~2個

裝飾
紅辣椒絲及蔥花　少許

做法

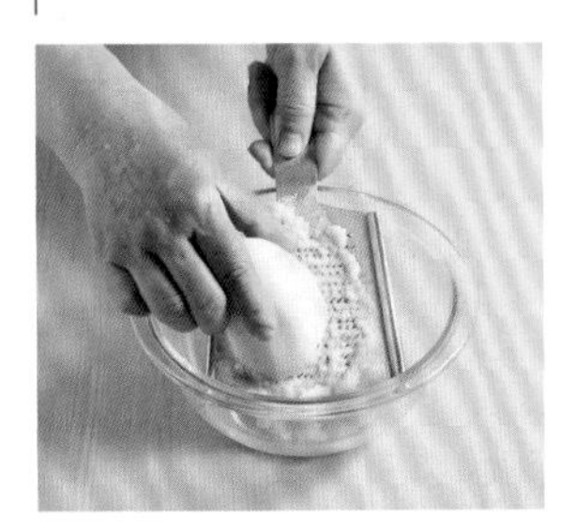

1 薯泥麵糊：馬鈴薯去皮，用搓板磨成泥狀約150克。

2 將全蛋倒入馬鈴薯泥內，用筷子不停地攪勻。

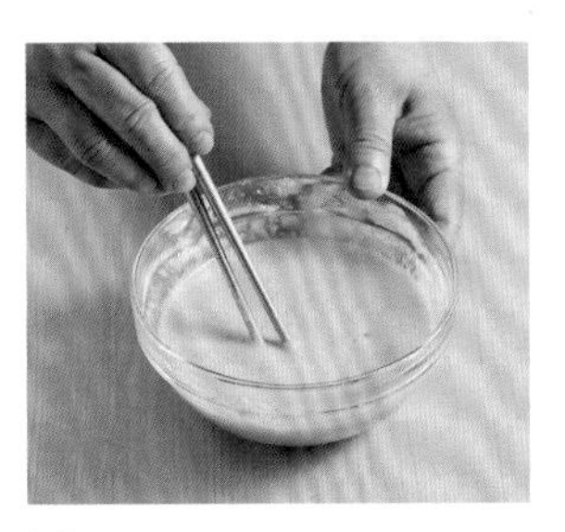

3 鬆弛：接著加入鹽、白胡椒粉及中筋麵粉，攪成均勻的粉糊，蓋上保鮮膜，冷藏鬆弛約10分鐘。

4 將洋蔥橫切成寬約0.8公分的片狀，再將片狀洋蔥拆開成圈狀，要入鍋油煎前，沾上薄薄的一層麵粉。

5 油煎：平底鍋稍微加熱，倒入約2大匙的沙拉油，先放入洋蔥圈，再將馬鈴薯糊倒入洋蔥圈內。

6 將紅辣椒絲及蔥花鋪在表面，用小火加熱，待麵糊定型後即可翻面，煎成微微金黃色即可。

7 可依個人喜好，食用時，沾上糯米醋及醬油混合的醬汁。

提醒

★做法6：裝飾及提味用的紅辣椒絲及蔥花，可依個人喜好添加；也可將蔥花倒入麵糊內一起攪勻。

菠菜豆腐蒸餃

半燙麵＋菠菜豆腐肉餡

只要食材搭配得當，即便是最普通的用料，也能瞬間提升美味度；餡料中少量的「豆腐」，與所有材料融合後，竟吃得出淡淡的豆香與甜味，非常特別喔！

材料　份量：25個

白麵糰（半燙麵）
中筋麵粉 90克
滾水 30克
冷水 30克

綠麵糰（半燙麵）
中筋麵粉 90克
滾水 30克
菠菜泥（請看p.109） 30克

菠菜豆腐肉餡
菠菜 100克（淨重）
豬絞肉 200克
鹽 1/2小匙
水 2大匙
醬油 2小匙
嫩豆腐 60克
蔥花 15克
白麻油 1大匙

做法

1 **白麵糰**：依p.35「半燙麵」的做法，將中筋麵粉、滾水及冷水混合，用筷子稍微攪拌，再用手輕輕地搓揉成糰。

2 **綠麵糰**：依p.35「半燙麵」的做法，將中筋麵粉、滾水先混合，用筷子稍微攪拌，接著倒入菠菜泥，攪勻後再輕輕地搓揉成糰。

3 **鬆弛**：在兩份麵糰上撒些麵粉，蓋上保鮮膜，放在室溫下鬆弛約50分鐘。

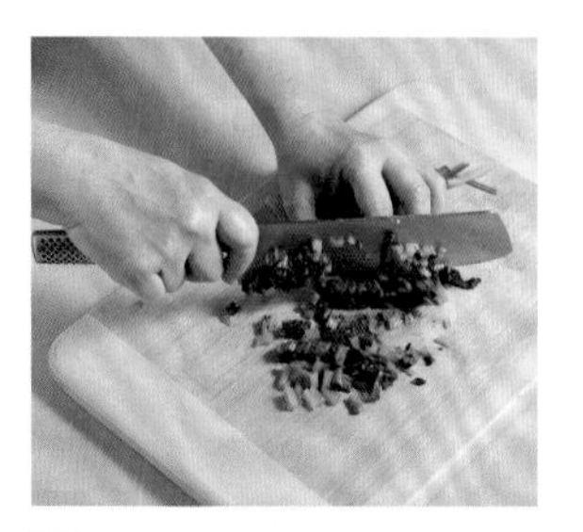

4 **菠菜豆腐肉餡**：菠菜洗乾淨後，用滾水汆燙（攪動一下立即撈出），接著用冷水漂涼並擠乾水分，切碎後再將水分擠乾。

5 豬絞肉加鹽及水（分2次加入），用筷子攪成黏稠狀，再加入醬油攪勻。將嫩豆腐用刀背壓成泥狀，倒入肉餡中攪勻。

6 再加入菠菜及蔥花，接著淋上白麻油，攪勻後冷藏備用。

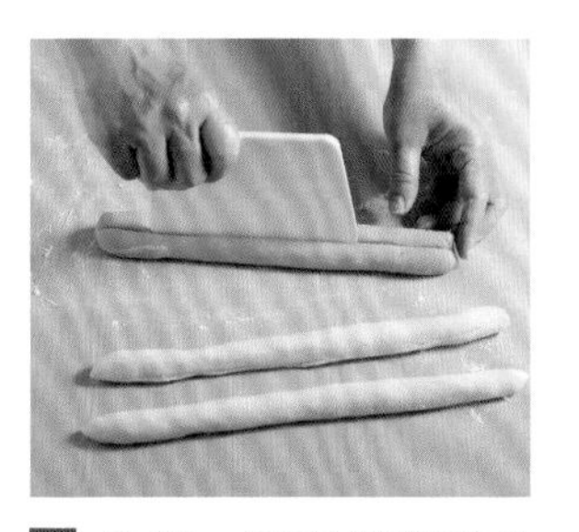

7 **分割**：將兩份麵糰分別搓成長條狀，長度約25公分，再縱切為二。

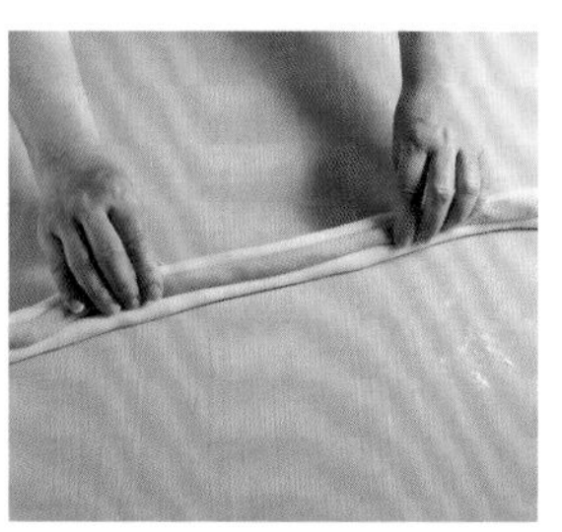

8 將麵糰再搓成長度約50公分的長條狀，將四條兩種顏色麵糰交錯重疊黏合。

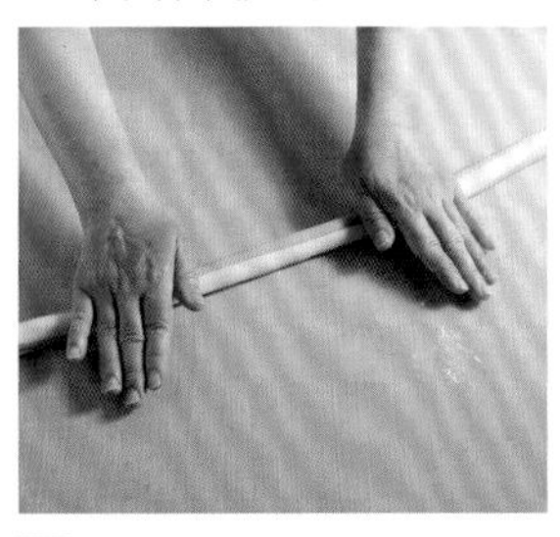

9 接著再將麵糰搓長搓細，長度約70公分，並分割成25個劑子（約11~13克）。

10 **擀皮**：將小麵糰捏圓後再壓扁，再擀成中間厚、周圍薄的圓片狀（直徑約8~9公分）。

11 **包餡**：包入餡料約14~15克，先將麵皮黏成尖狀，再圍成三角形，並將3處封口黏緊，包好後放在防沾蠟紙上，再放入蒸籠內。

12 **蒸製**：水滾後，將蒸籠放在鍋上，用中大火蒸約12分鐘。

提醒

★做法3：菠菜泥內的水分含量會影響麵糰製作，因此請斟酌綠麵糰內的菠菜泥用量；只要綠麵糰的軟硬度與白麵糰相同即可。

★做法8：先將兩種顏色麵糰黏合，成為兩組兩色麵糰再重疊，即可方便操作；可用手沾點水抹在麵糰上，較易黏合。

蛋香脆餅

全燙麵＋冷水麵

徹底鬆弛過的麵糰，延展性極佳，拉得又長又細，再盤成圈狀，細心地慢慢炸透後，就是一道香脆可口的點心囉！

材料 份量：8張

麵糰（全燙麵）
滾水 65克
中筋麵粉 75克

麵糰（冷水麵）
中筋麵粉 130克
鹽 1/4小匙
全蛋 70克
沙拉油 10克

椒鹽（調味用）
鹽、白胡椒粉 各1/2小匙

做法

1 全燙麵：依p.37「全燙麵」的做法，將滾水倒入中筋麵粉內，用筷子用力攪成糰狀，蓋上保鮮膜，冷卻備用。

2 冷水麵＋全燙麵：中筋麵粉130克及鹽混合均勻，再倒入蛋液及沙拉油，用筷子稍微混合（尚未成糰），接著放入做法1的麵糰，一起搓揉成糰。

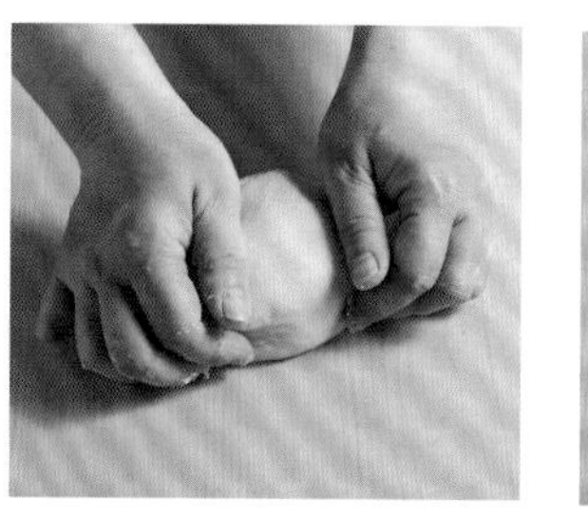

3 鬆弛：麵糰上抹些油，蓋上保鮮膜，放在室溫下鬆弛約50分鐘。

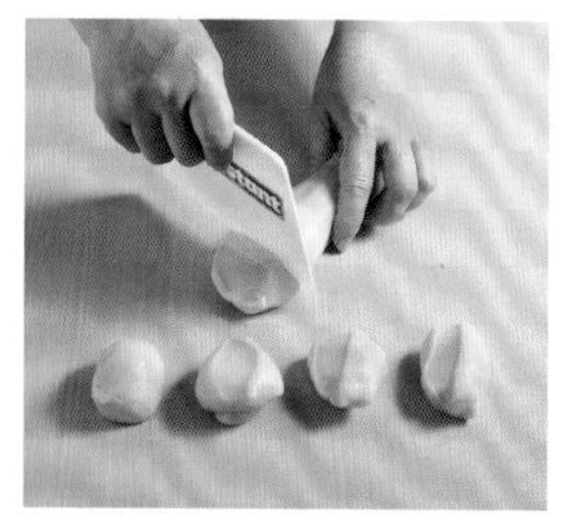

4 分割：將麵糰搓長，再均分成8等分，鬆弛約5分鐘。

5 拉長：順著麵糰筋性，輕輕地拉長，一直拉到無法延展為止，蓋上保鮮膜，鬆弛約10分鐘。

6 整形：反覆做拉長與鬆弛的動作，順著麵糰筋性，儘量拉到至少100公分，再慢慢地盤成螺旋狀（邊繞圈可再拉長，並用手黏合麵糰），直徑約10公分，將麵糰尾端塞入底部。

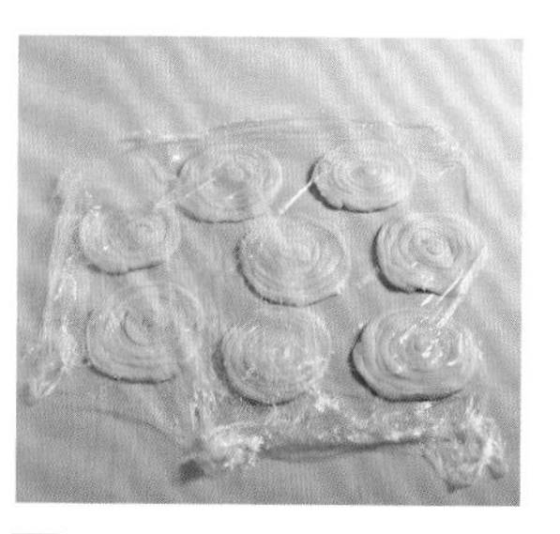

7 鬆弛：蓋上保鮮膜，放在室溫下鬆弛約10分鐘。

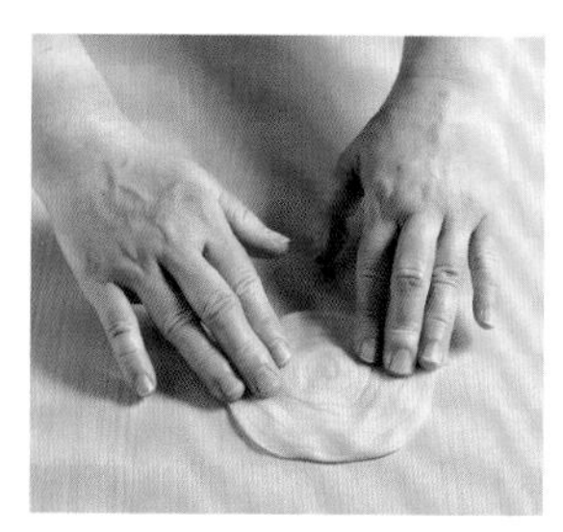

8 壓平：將麵糰攤開並壓平，儘量厚度一致（不要用擀麵棍），鬆弛約5分鐘再油炸。

9 油炸：鍋內的油加熱至約150~160℃，再將麵糰放入鍋內，油量可覆蓋麵糰即可，待麵糰定型後即可翻面，以中小火炸成金黃色即可。

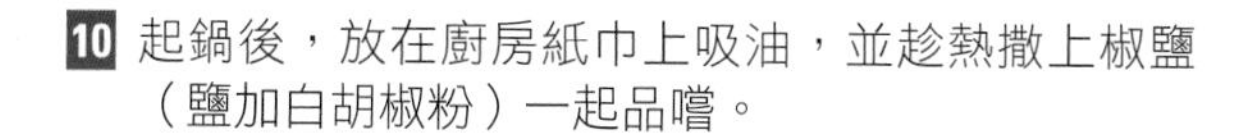

10 起鍋後，放在廚房紙巾上吸油，並趁熱撒上椒鹽（鹽加白胡椒粉）一起品嚐。

提醒

★做法2：兩種麵糰混合搓揉時，分成數小塊再搓揉，可快速揉勻（請看p.7「麵糰怎麼揉？」）。

★做法8：麵糰鬆弛後，可用手輕易地攤開，儘量保持螺旋紋路，不要過度擀壓，以免影響酥脆口感。

★做法9：以半煎半炸方式油炸，因此油量不用放太多。

發酵類麵食

本書中的「發酵類麵食」，完全以酵母（或加麵種）製作而成，與「發粉類麵食」的意義是有差異的；前者是酵母菌在麵糰內，因繁殖作用產生的二氧化碳氣體，使麵糰發酵而膨脹；後者則是藉由化學膨鬆劑（泡打粉），經加熱後產生氣體而膨脹。就品嚐風味而言，純以酵母「發酵」所製成的麵食，其觸感富於彈性，且具有特殊的香味與口感。

因不同的產品類別或口感需求，麵糰的發酵程度有所差別；本書內的發酵類麵食中，除了饅頭之外，其它的餅類製品，大多以「小發麵」來製作，只用少量的即溶酵母，呈現恰到好處的鬆軟度，並帶點嚼勁的口感。

發酵

在《孟老師的中式麵食》一書中（p.114），提到製作發酵麵食，經常使用的酵母菌有即溶酵母、新鮮酵母以及自行培養的老麵等。不同的酵母菌分別具有不同的特性，本書的發酵麵食製作，還是以最方便的「即溶酵母」為主，另外也依產品需要，添加「麵種」於麵糰中，雖然需要多花幾小時，產品風味卻更加提升。

麵糰內的酵母用量，是影響發酵速度的重要因素之一，此外，環境溫度也直接影響發酵速度，溫度越低，所需發酵時間越長，反之，溫度較高時，麵糰內的氣體很快產生，則要縮短發酵時間。

還有，麵糰的軟硬度也與發酵快慢有關，必須注意控制發酵時間；總之，無論以何種酵母製作，麵糰都會受到各種因素影響，產生發酵膨脹的變化，進而影響操作的手感以及成品風味；因此，可將發酵麵糰視為有生命的東西，才能順利掌握製程。

利用「即溶酵母」→一次攪拌（揉麵）

請見DVD中「椒鹽鹹香饅頭」示範

所有材料一起搓揉成糰→鬆弛5分鐘→分割、整形→最後發酵→熟製

除了配料外（例如：芝麻粒、葡萄乾……等），將所有材料及油脂等，全部倒入攪拌缸內（容器內），一口氣攪拌成糰（或搓揉成糰）；其中所使用的即溶酵母（Instant Dry Yeast），如以新鮮酵母（Fresh Yeast）取代時，則必須要以即溶酵母3倍的用量製作（有關酵母粉的相關說明，請參考《孟老師的中式麵食》p.14）。

做法（所有用料的份量，以各個食譜為主）

❶先將材料中的水秤好倒入容器內，再加入即溶酵母。

❷搖晃容器，即溶酵母遇水很快就會散開溶化。

❸除了配料外（例如：芝麻粒、葡萄乾……等），將所有乾料（例如：粉料、細砂糖……等）及油脂等，全部倒入容器內，先用筷子（或手）攪勻。

❹儘量攪成糰狀，再倒在案板上搓揉。

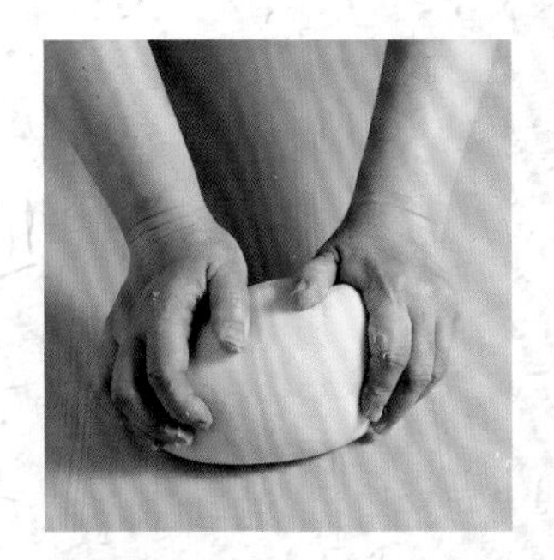

❺將麵糰倒在案板上（容器邊緣沾黏的麵糰要刮乾淨），用力搓揉麵糰（請參考p.7「麵糰怎麼揉？」），揉成光滑狀即可。

❻麵糰上撒些麵粉，蓋上保鮮膜，放在室溫下鬆弛約5分鐘。麵糰鬆弛後，接下來再進行分割、整形或包餡等動作。

提醒

◆有些餅類麵糰屬於「小發麵」，為了便於操作成型，可將麵糰鬆弛時間稍微延長，例如：p.126「蔥花大餅」。

鬆弛 5 分鐘

發酵麵糰揉好後，即會形成強韌的筋性及彈性，因此需要將麵糰「鬆弛」才能順利進行擀捲或包餡等動作；鬆弛亦稱「醒麵」，其目的是為了麵筋軟化，以方便操作。但鬆弛時間不宜過久，以免麵糰內產生過多的氣泡，影響揉麵（或壓麵）的效果，而使成品呈現孔洞組織。

利用即溶酵母製作發酵麵食（例如：包子、饅頭等），既快速又穩定，與製作麵包的原理截然不同，因此揉好的麵糰不必進行基本發酵，只要讓麵糰休息一下——「鬆弛5分鐘」，即可進行後續動作；所謂「5分鐘」，意指短時間，並非要確實的5分鐘，依照麵糰軟硬度或需求，鬆弛時間稍有不同；例如：p.120「紅糖燒餅」的麵糰包入油酥還要擀捲兩次，因此鬆弛時間長一點，較有助於操作。

利用「麵種＋主麵糰」→二次攪拌（揉麵）

請見DVD中「蔥花大餅」示範

麵種製作→麵種+主麵糰搓揉成糰→鬆弛5分鐘→分割、整形→最後發酵→熟製

所謂「麵種」，又稱麵引，是將麵粉、水及酵母混合成糰，經數小時發酵，形成大量酵母菌，即為「麵種」。接著在麵種內，再加入麵粉及水持續培養約24小時，即成「老麵」。如麵糰內含有足夠又具活力的老麵時，則不必使用任何商業酵母（例如：即溶酵母、新鮮酵母），以老麵代替酵母菌，而讓麵糰發酵製成麵食（請參閱《孟老師的中式麵食》p.114~115）。

本書中特別將麵種與即溶酵母同時用於麵糰內，利用麵種的特性，強化發酵麵食的風味及口感，因麵糰內有了麵種，則可將即溶酵母用量減少（主麵糰內）；如果是屬於小發麵的成品，在主麵糰內甚至省略即溶酵母，例如：p.142「麻醬小燒餅」。

只要事先花數小時培養麵種，接下來即是正式的麵糰製作，因此，將麵種製作到麵糰攪打的兩個階段，稱為「二次攪拌（揉麵）」。

為了易於區別，將材料分成「麵種」及「主麵糰」兩個部分。

麵種→花約4~5小時發酵。
主麵糰→將這部分材料與完成的麵種混合，搓揉成糰。

(一) 麵種製作

做法（所有用料的份量，以各個食譜為主）

❶先將材料中的水秤好倒入容器內，再加入即溶酵母。

❷搖晃容器，即溶酵母遇水很快就會散開溶化。

❸將麵粉倒入酵母水內，用筷子攪勻。

❹用力攪到乾濕材料（水、粉）確實均勻混合，成為糰狀即可。

❺蓋上保鮮膜（或任何可遮蓋的東西），放在室溫下（約28℃）發酵約4~5小時。

❻發酵所需的時間，會依當時的環境溫度而改變，如在不到15℃的低溫室內，有可能要持續發酵近6小時，總之，發酵後的麵糰，體積會變大。

❼除了體積變大外，表面會佈滿氣泡，內部呈現孔洞的絲狀組織，麵種即製作完成。

(二) 麵種＋主麵糰

做法（所有用料的份量，以各個食譜為主）

❶將主麵糰內的水全部倒入麵種內。用筷子將麵種攪散，不停地交互拉扯，儘量讓麵種散開。

❷接著倒入主麵糰內的即溶酵母，攪拌均勻。如主麵糰沒有即溶酵母，則另加下述材料。

❸接著倒入主麵糰內的細砂糖（及鹽），攪拌均勻。

❹最後倒入主麵糰內的中筋麵粉（及全麥麵粉，或其他粉料）。

❺用筷子攪勻，儘量使乾濕材料（水、粉）確實混合均勻。

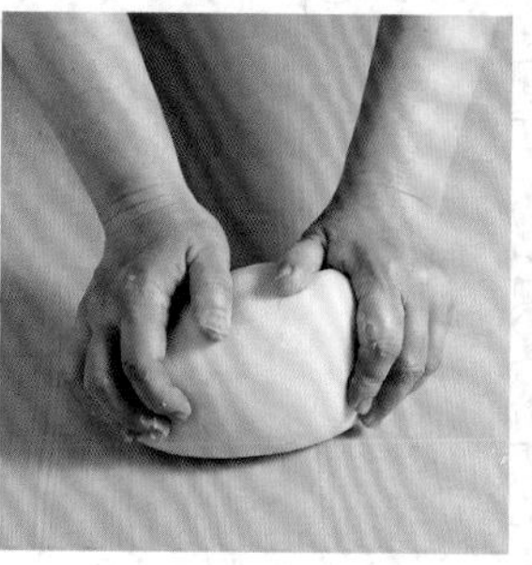

❻將麵糰倒在案板上（容器邊緣沾黏的麵糰要刮乾淨），用力搓揉麵糰（請參考p.7「麵糰怎麼揉？」），揉成光滑狀即可。

❼麵糰上撒些麵粉，蓋上保鮮膜，放在室溫下鬆弛約5分鐘（請參考p.97「鬆弛5分鐘」）。麵糰鬆弛後，接下來再進行分割、整形或包餡等動作。

提醒

◆麵種與主麵糰的所有材料混合後，接下來的搓揉及鬆弛等動作，就與p.96一次攪拌（揉麵）」完全相同。

◆如主麵糰內沒有水分（例如：蔥花大餅），則將麵種與主麵糰內的所有材料直接混合，搓揉均勻即可。

即溶酵母用量不多，該如何秤取？

材料中的即溶酵母，用量不多，因此使用標準量匙來取用較方便，注意盛裝於量匙內，必須將表面刮平，份量才較精準。即溶酵母的重量與量匙換算後的標示如下：

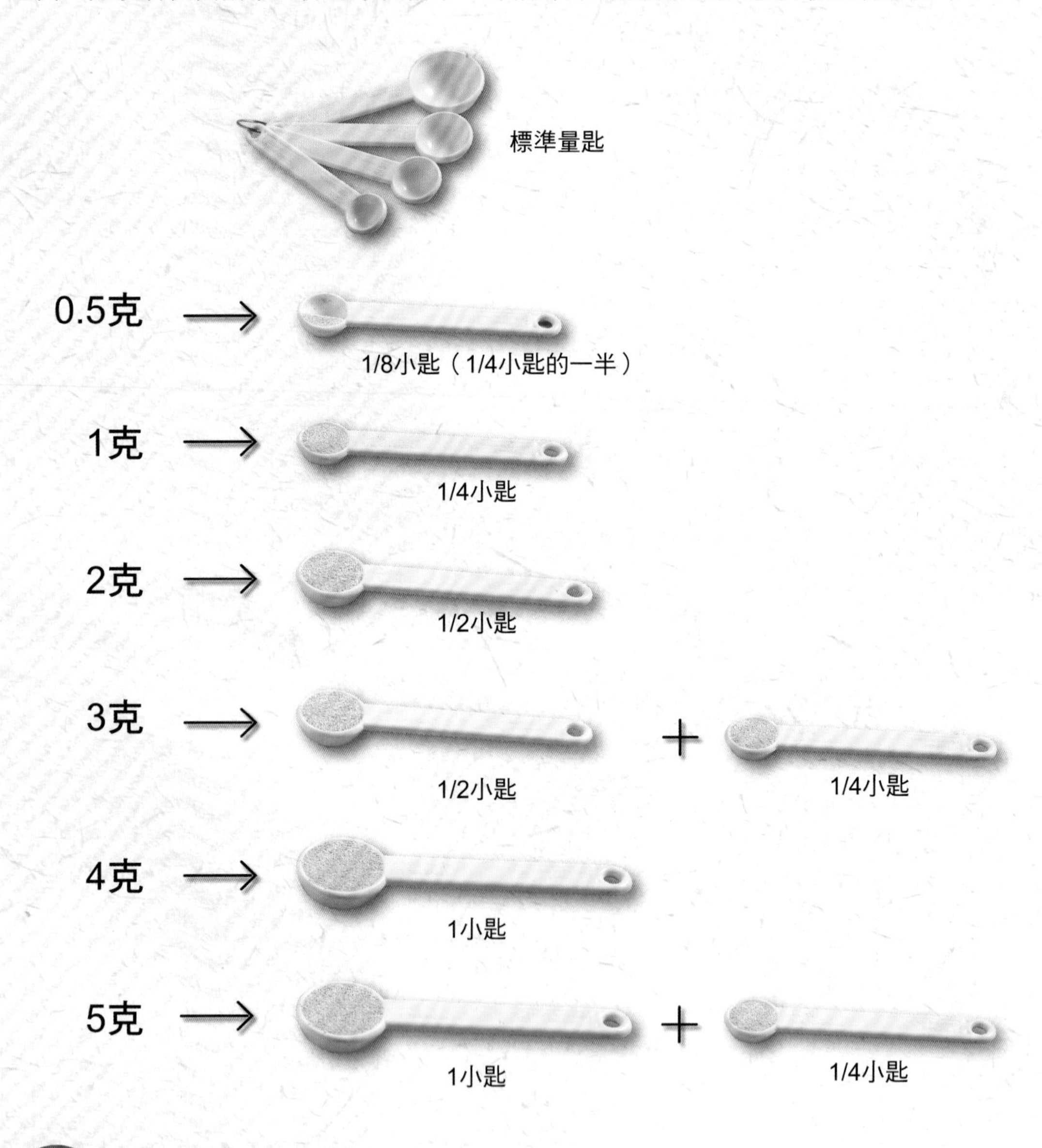

提醒

◆1/2小匙+1/4小匙=3/4小匙，但標準量匙中並無3/4小匙，為避免誤差，最好分別使用1/2小匙以及1/4小匙（注意：其他材料因比重不同，不能根據以上的用量換算）。

饅頭，請自由發揮！

饅頭，用料簡單又容易上手，只要會做原色原味的基本款（**請參考本書第180頁，收錄了《孟老師的中式麵食》中白饅頭的做法**），想再變化各式花俏的饅頭，應該不是難事；善用周邊的食材，取其特有的口感、味道或色澤，不加任何人工色素及香料，呈現自然原汁原味的饅頭，或鹹或甜，變化無窮，非常有趣。

將饅頭增色提味，不外乎是從麵糰的點、線、面著手變化，也就是說，將白色麵糰搭配不同色澤的麵糰，不管多大面積，也無論組合原則，只要能夠成形，都能隨心所欲做變化。

白色的饅頭麵糰，可方便「染色」，只要蔬果的「原汁」具備鮮明色澤，多能加入麵糰內，像大家熟悉的胡蘿蔔、菠菜及甜菜根等，以及易於與麵糰結合的根莖類植物，例如：南瓜、紫薯及芋頭等，還有蝶豆的藍色花朵，經熬煮後，其鮮豔的汁液，用來製作彩色饅頭，效果極佳。希望讀者們發揮創意，廣泛應用各項食材，做出賞心悅目又美味的饅頭。

任何由簡至繁的饅頭，最家常又方便的成形方式，通常是「刀切法」及「手搓法」，其重點如下：

刀切法…粗細一致的圓柱體麵糰，再切割數等分

請見DVD中「椒鹽鹹香饅頭」示範

例如：p.110「雙色饅頭」及p.112「椒鹽鹹香饅頭」等。

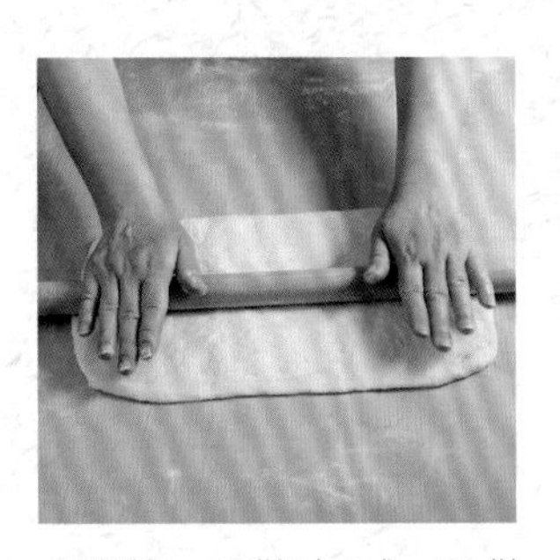

◆銜接p.97做法6或p.99做法7，麵糰鬆弛後，放在案板上（撒些麵粉），先將麵糰壓平，再擀成長方形（p.10「擀麵糰」），儘量壓出麵糰內的大氣泡，依食譜做法擀成適當大小。

◆將麵糰翻面，刷掉多餘的麵粉。

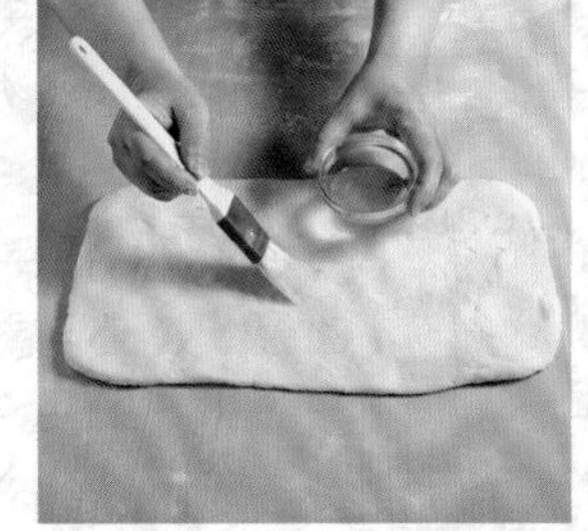

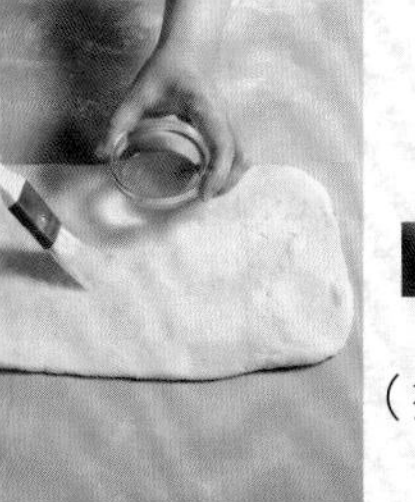

◆再均勻地刷上薄薄一層清水（有助於麵糰黏合）。

（接下一頁）

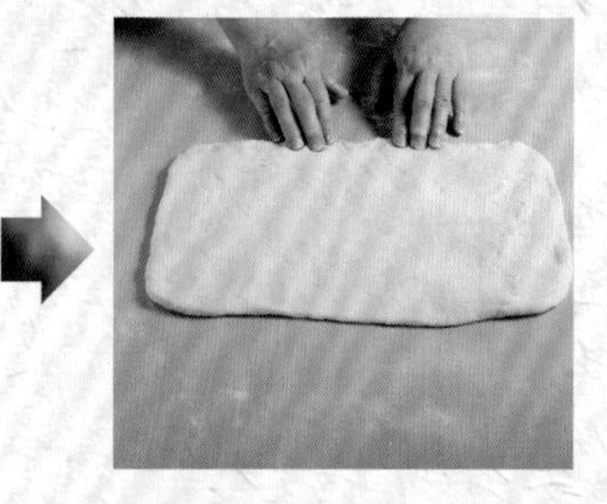

◆長方形麵糰的一邊，用手捏扁（或用擀麵棍擀薄），有助於捲完後的麵糰容易黏合。

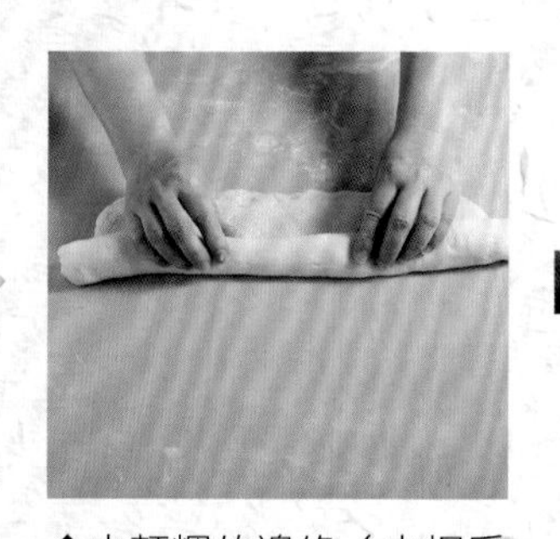

◆由麵糰的邊緣（未捏扁的一邊）開始緊密地捲起。

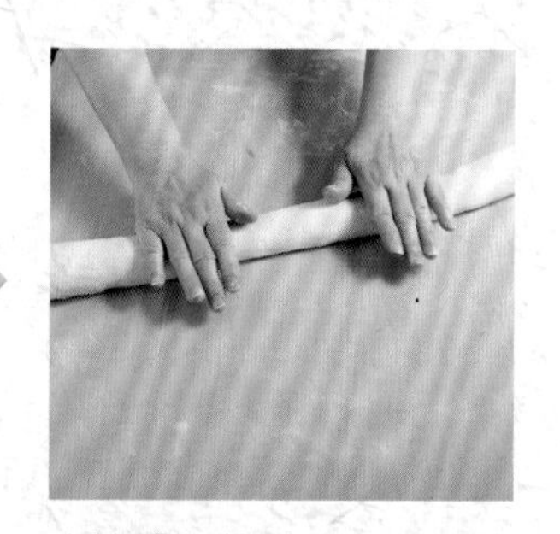

◆捲成圓柱體後，再從麵糰中心部位向兩邊輕輕地搓揉，使麵糰粗細均等，也可搓揉成需要的長度。

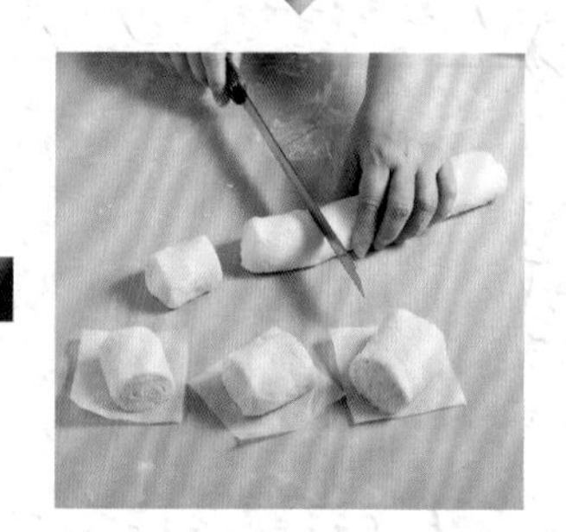

◆最好用鋸齒刀，依需要將麵糰切割數等分，切好的麵糰直接放在防沾蠟紙上。

◆麵糰直接放入蒸籠內，蓋上蒸籠蓋，進行最後發酵（請看p.105「發酵要恰到好處」）。麵糰發酵完成後，開始蒸製（請看p.105「蒸鍋的水量要足」）。

提醒

◆為了簡化刀切法的製程，麵糰擀成長方形後，即可翻面鋪餡或捲成圓柱體，與《孟老師的中式麵食》一書的三摺方式不同（p.119）。

◆其他有關饅頭「刀切法」的製作事項，請參考《孟老師的中式麵食》一書p.120。

手搓法…小麵糰搓成挺立的圓形

例如：p.114「棗餑餑」、p.168「生煎饅頭」及《孟老師的中式麵食》一書內的「山東饅頭」等。

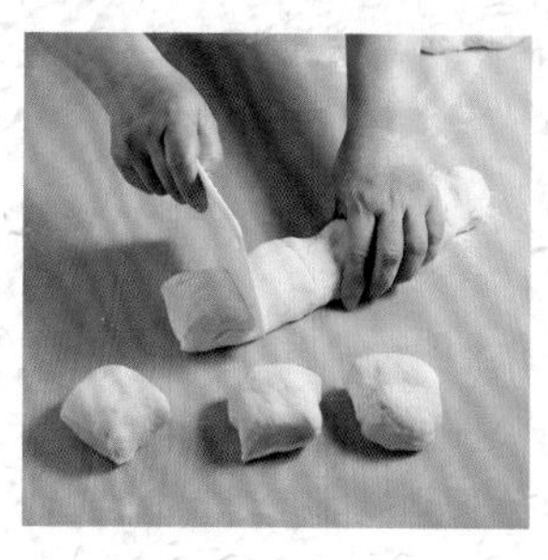

◆將麵糰搓成長條狀（依p.9「麵糰分割」），再用刮板分割成數等分（或用手揪成數等分）。

◆案板上撒些麵粉，再將每份麵糰搓揉成光滑狀，儘量將氣泡壓出。

◆將麵糰的底部用力捏合，整成圓形，以免蒸後鬆散不成形。

◆用雙手來回不停地搓揉，呈挺立狀。

提醒

◆其他有關饅頭「手搓法」的製作事項，請參考《孟老師的中式麵食》一書p.120。

饅頭總複習

饅頭，成功了

成功的饅頭，必然具備幾項要件，例如：光滑的表皮、均勻的組織及彈性的觸感等；能做出完美的成品，表示從揉麵開始，經過整形、發酵到最後蒸製，確實掌握了製作細節。

然而，全程以手工製作，不可能徹底將麵糰內的氣泡壓出，那麼蒸熟後的饅頭所出現的「小瑕疵」，絕對稱不上失敗；因此，不必與壓麵機的功能相提並論，但只要把握製作細節，仍可成功做出細緻又可口的饅頭。

要做出成功的饅頭，請注意以下條件：

◆麵糰要揉得好

細緻的麵糰，絕對有利於成品的美感與口感，因此，不能只是揉出麵糰光、手光、容器光的「三光」狀態，同時必須確實掌握揉麵方式，在最短時間內，揉出光滑又均勻的麵糰（請看p.7「麵糰怎麼揉？」）；麵糰要揉得理想，饅頭的質地才會細緻，口感也具有嚼勁（另請參考《孟老師的中式麵食》一書p.108的「理想的麵糰」）。

◆要避免氣泡

揉麵時，會不斷將空氣「捲入」麵糰內，如果氣泡過多又過大，則必須在整形擀麵時，儘量將大氣泡搓破，並將麵糰擀平；另外也要注意的是，麵糰不要過度鬆弛，以免發酵膨脹，影響整形工作（請看p.97「鬆弛5分鐘」）。萬一麵糰內的氣泡過多，最後蒸製完成時，又受到「熱脹冷縮」影響（請繼續往下看「不要猛然掀蓋」），則成品必然凹陷或收縮。

◆分割要一致

麵糰分割時，儘量大小一致，才能平均受熱；要輕易地分割較均等的麵糰，首先儘量將麵糰整成粗細一致的長條狀，如此一來，無論用刀切割，還是用手揪塊，較能控制麵糰大小。

◆發酵要恰到好處

麵糰成形後要進行最後發酵，才能開始蒸製，發酵得宜，饅頭才具可口度。發酵不足時，成品失去應有的彈性，口感的鬆軟度也不理想；反之，發酵過度時，麵糰組織失去支撐力，成品表面有可能會有凹陷。

必須注意，發酵時間的長短，會隨著當時的環境溫度而改變，環境溫度越高，發酵越快，反之，溫度較低時，發酵時間越久。只要確認麵糰有膨脹（體積稍微變大），或用手輕輕地碰觸麵糰，會明顯感覺鬆軟輕盈，即是發酵完成；在任何熟製過程中，麵糰仍會有後發效果。

◆蒸鍋的水量要足

蒸氣充足，才能讓麵糰穩定受熱，因此蒸鍋內的水量一定要「一次加足」，再放上蒸籠。如果水量不夠，或是蒸製時中途再加水，會導致麵糰受熱不平均，而影響後發效果及成品外觀。

書內的饅頭份量，可全部放入一般家用12吋蒸籠內（2籠1蓋），再放在蒸鍋上（弧形炒鍋），其水量約七分滿（約1600克的水）；但要注意，蒸鍋內的水量高度，至少要距離蒸籠底部7~8公分，以免熱水沸騰時，會將麵糰浸溼。

◆不要猛然掀蓋

基於熱脹冷縮的原理，蒸好後，不要猛然掀蓋，否則麵糰受到急遽的溫度變化，突然接觸冷空氣，則會瞬間收縮。必須在熄火後，先將蒸籠稍微掀開一小縫，讓熱氣散出來，約2~3分鐘後，再將蒸籠打開，並離開蒸鍋取出饅頭。

包子總複習

包子，成功了

動手做包子，是許多人樂於挑戰的中式麵食之一，發酵的麵皮加上美味的餡料，從頭至尾的製作細節，其實並不繁複；由於麵糰揉好後，無法等待過久，因此製作包子的流程，必須先將餡料調配完成，再進行和麵工作。

屬於發酵麵糰的包子皮，與饅頭的製作要求相同，因此必須依照p.104~105「麵糰要揉得好」、「要避免氣泡」、「分割要一致」、「發酵要恰到好處」、「蒸鍋的水量要足」、「不要猛然掀蓋」等說明之外，還必須注意以下製作事項：

◆包子皮不要太薄

擀皮時，可稍微用力將麵糰內的氣泡擀出，掌握**中間厚、周圍薄**的原則；千萬別擀太薄，以免在蒸製時，麵糰的鬆發度不佳，影響挺立而變形。

◆包餡速度儘量快

發酵麵糰不等人，在製程中的每一分每一秒，都能感覺麵糰的變化；因此，麵糰分割後，從捏圓、壓扁、擀皮到包餡等動作，都必須把握時間，以免麵糰發酵前後不一。擀麵皮時，注意先後順序，先擀好的麵皮先包餡；擀好數張麵皮，再開始包餡，有助於麵糰鬆弛。

請參考本書第181頁及184頁，收錄了《孟老師的中式麵食》中的麥穗素包食譜及介紹包子包餡的方法。

蒸熟了沒？

蒸熟的饅頭或包子，外觀膨鬆、體積變大，用手指輕壓，觸感具有彈性，不會呈現凹洞。如要確認成品是否蒸熟，最好在熄火後（蒸籠還在蒸鍋上），先用手輕壓麵糰，如果不具彈性，表示尚未蒸熟，請立刻蓋上蒸籠蓋，立即開中小火再加熱約5分鐘。但未蒸熟的麵糰，一旦降溫定型，要再回蒸則無法蒸出膨鬆又具彈性的成品。

竹蒸籠VS.金屬蒸籠

竹製蒸籠較能吸收水氣，開火蒸製時，蒸氣不會堆積在蒸籠內；用完後，需清洗乾淨再蓋上蒸籠蓋，用小火將濕氣蒸乾後，再放在室溫下風乾，千萬別日晒，以免蒸籠變形。

金屬製蒸籠雖然易清洗、不易發霉，但最大的缺點是，蒸製時蒸籠蓋內的水氣會滴到麵糰上，而影響成品外觀；使用時，建議在蒸籠與蒸籠蓋間蓋上棉布或多層紗布，有助於水蒸氣的吸收。

以性能而言，竹製蒸籠的密閉效果較好，熱氣循環較佳，麵糰蒸熟的時間稍短；如使用金屬蒸籠，可將蒸的時間稍微延長2~3分鐘，熄火後，注意蒸籠底部的水氣，儘量不要碰到蒸好的成品，以免浸溼影響品質。

一般家庭製作，選用直徑約12吋蒸籠即可，較能符合食譜份量，並可配合蒸鍋（弧形炒鍋）的尺寸。

內餡示範

紅豆泥

自製的紅豆泥，用途廣泛，除了製作書中的「酒釀紅豆餅」外，也可用於饅頭及餅類夾心。

材料

紅豆200克、水700克、黃砂糖（二砂糖）180克、無鹽奶油10克

做法

❶紅豆洗乾淨瀝乾水分，加水700克浸泡3小時。

❷浸泡後，紅豆連同水一起放入電鍋內（外鍋放入2杯水），將紅豆煮軟後，全部盛出倒入炒鍋內。

❸將黃砂糖倒入鍋內（如果紅豆尚未完全軟透時，先不要加糖，要酌量加一點清水，繼續用小火加熱，煮到軟爛後，再加入黃砂糖）。

❹加入黃砂糖後，用中小火邊加熱邊炒。

❺持續炒至水分收乾，接著加入無鹽奶油炒勻即熄火。

❻炒好後，將紅豆泥盛出，冷卻備用。

菠菜泥&紅蘿蔔泥

利用新鮮菠菜及紅蘿蔔的天然色澤，製成綠色及橘色麵糰，可分別應用於各式發酵麵食或水調麵食上；不含人工色素及香料，符合健康美食概念。

材料

較稠的菠菜泥→用於p.90「菠菜豆腐蒸餃」

菠菜125克（淨重）、水50克、鹽1/4小匙

較稀的菠菜泥→用於p.176「三色饅頭」

菠菜100克（淨重）、水100克、鹽1/4小匙

做法

❶菠菜洗乾淨並瀝乾水分，倒入滾水中汆燙，攪動一下立即撈出。

❷接著用冷水漂涼並擠乾水分。

❸將菠菜倒入料理機內，加入適當的水量，以快速打成泥狀即可。

❹如要製成紅蘿蔔泥，材料為紅蘿蔔100克（去皮後）、水100克、鹽1/4小匙，將紅蘿蔔切碎後，加水及鹽，用料理機以快速打成泥狀即可。

提醒

◆菠菜汆燙後，加冷水漂涼，必須將水分擠乾，再另加所需的冷水量，較能控制濃稠度。

◆將菠菜泥（或紅蘿蔔泥）攪勻後，再秤取所需的用量，剩餘的菠菜泥（或紅蘿蔔泥）密封放在冷凍庫內保存。

雙色饅頭

利用「即溶酵母」
↓
一次攪拌（揉麵）

從基礎白饅頭延伸，將部分麵糰以天然素材「染色」，
而成雙色效果，營造不同的品嚐樂趣。

材料 份量：約10個

水 260克
即溶酵母 5克（1小匙＋1/4小匙）
細砂糖 30克
中筋麵粉 500克
沙拉油 10克
紅麴粉 1大匙

提醒

★做法2、3：在揉製紅麴麵糰的同時，剩餘的白色麵糰也在靜置鬆弛，因此，當紅麴麵糰揉好後，可接著將白色麵糰擀壓整形。

★做法細節請看p.104「饅頭總複習」。

做法

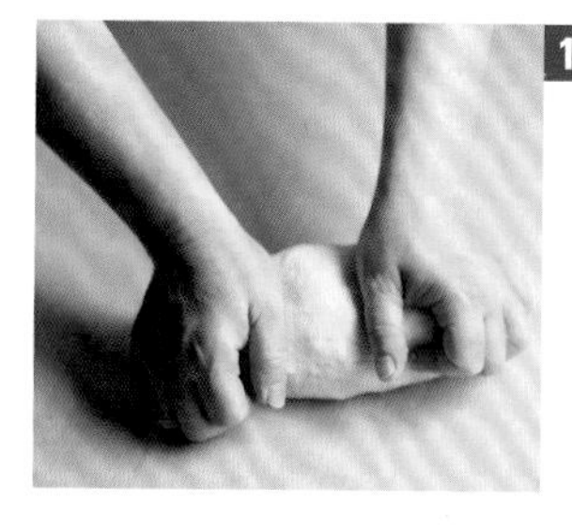

1 麵糰：依p.96「一次攪拌（揉麵）」做法，將水、即溶酵母、細砂糖、中筋麵粉及沙拉油混合搓勻（尚未光滑時），先取出250克放一旁備用，其餘部分搓揉成光滑狀麵糰。

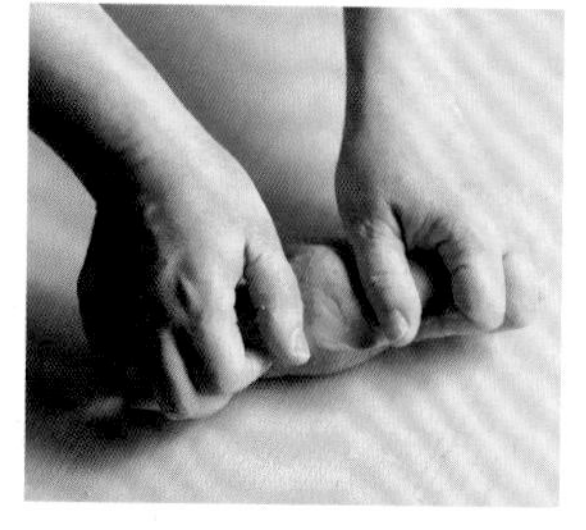

2 做法1中先取出的250克麵糰，加入紅麴粉搓勻，成為紅色麵糰。

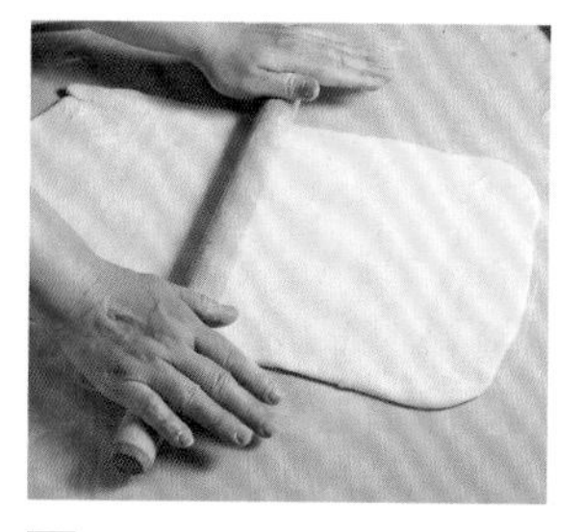

3 **擀麵糰**：將白色麵糰壓平，再擀成長約40公分、寬約25公分的長方形，接著擀紅色麵糰，長約40公分、寬約18公分。

4 將紅色麵糰切成寬約1公分的長條狀。

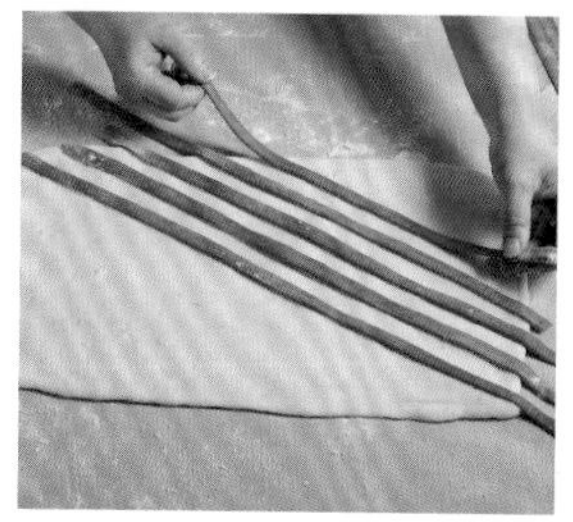

5 刀切法（p.101說明）：將白色麵糰上多餘的麵粉刷掉，將長條紅色麵糰上刷些清水，再鋪排黏在白色麵糰上（間距約1公分），再用擀麵棍輕輕地擀平，使得紅色麵糰確實黏在白色麵糰上。

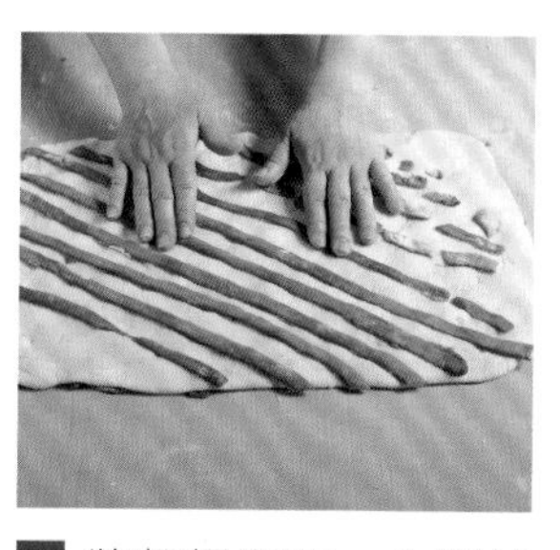

6 將麵糰翻面，先刷掉多餘的麵粉，再均勻地刷上清水，將剩餘的（及不規則的）紅色麵糰鋪在白色麵糰上。

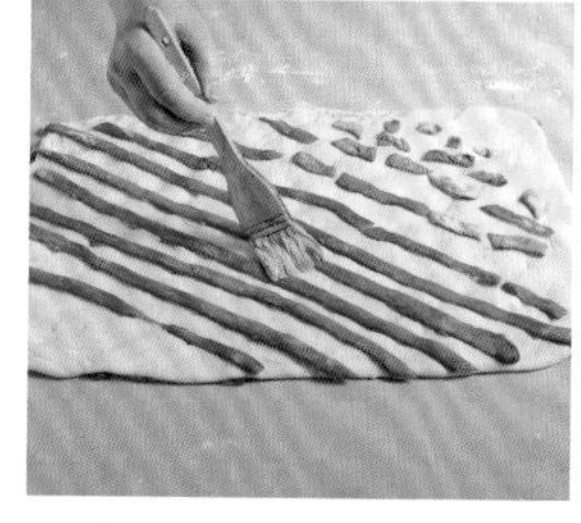

7 再用擀麵棍輕輕地擀平，接著將整面均勻地刷上清水，以利黏合。

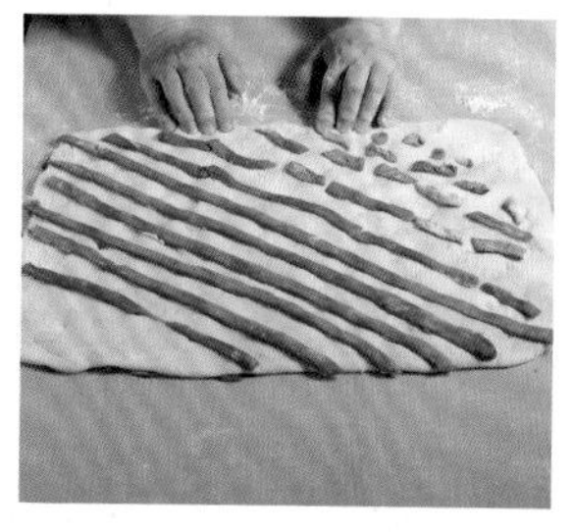

8 將麵糰邊緣壓扁（麵糰捲起後要黏合的一邊），再捲成圓柱體，並將封口黏緊。

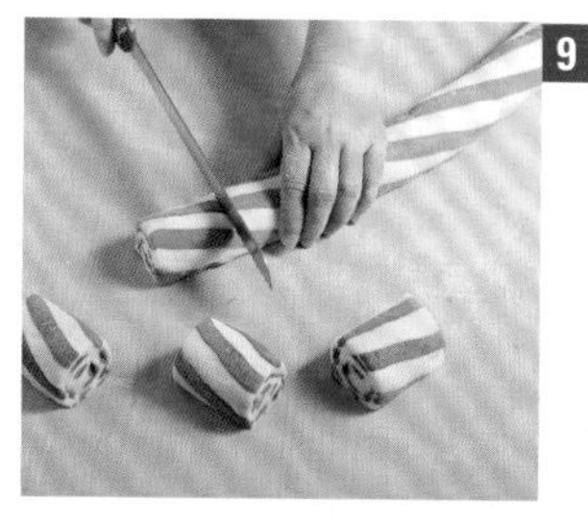

9 分割：將麵糰輕輕地搓揉均勻，儘量粗細均等，再切成10等分，放在防沾蠟紙上。

10 最後發酵、蒸製：將麵糰放入蒸籠內，蓋上蒸籠蓋，發酵約15~20分鐘。麵糰發酵後，將蒸籠放在鍋上，從冷水蒸起，全程約需18~20分鐘。

椒鹽鹹香饅頭

利用「即溶酵母」
↓
一次攪拌（揉麵）

參見DVD示範

將擀壓後的麵糰切成條狀，既可去除大氣泡，
也具不同的外觀美感，咀嚼口中的鹹香滋味，非常耐吃。

材料 份量：約8個

水 220克
即溶酵母 4克（1小匙）
細砂糖 20克
中筋麵粉 400克
沙拉油 10克

調味料
綜合胡椒粉 1/2小匙 ┐混
鹽 1/2小匙 ┘合

做法

1 **麵糰**：依p.96「一次攪拌（揉麵）」的做法，將水、即溶酵母、細砂糖、中筋麵粉及沙拉油混合，搓揉成光滑狀麵糰。

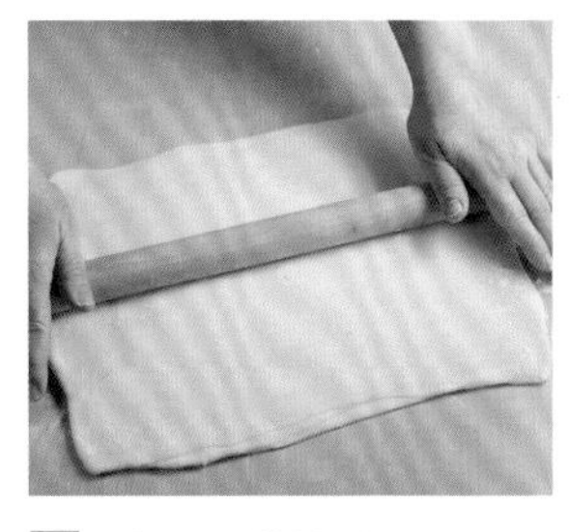

2 **鬆弛**、**擀麵糰**：麵糰上撒些麵粉，蓋上保鮮膜，放在室溫下鬆弛約5分鐘，再擀成長約35公分、寬約25公分的長方形。

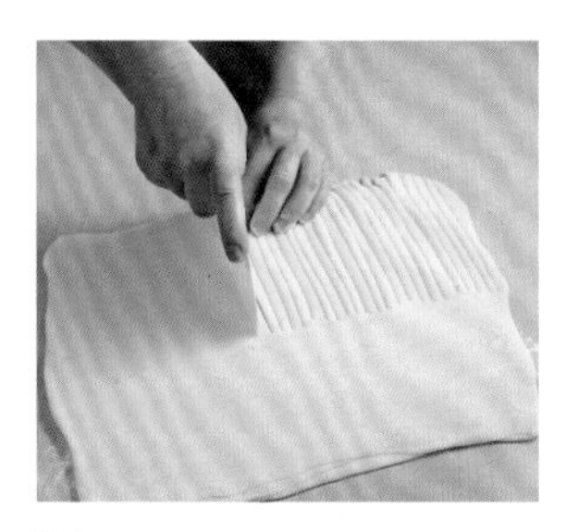

3 用大刮板在麵糰的1/2處輕壓做記號，然後在麵糰的半邊將麵糰切成一排寬約0.5公分的長條。

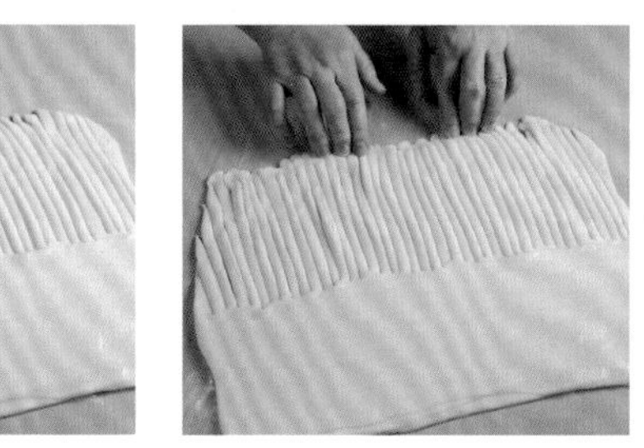

4 刀切法（p.101說明）：將麵糰上多餘的粉刷掉，再刷上薄薄的一層清水。

5 將麵糰邊緣壓扁（麵糰捲起後要黏合的一邊），再均勻地撒上綜合胡椒粉及鹽。

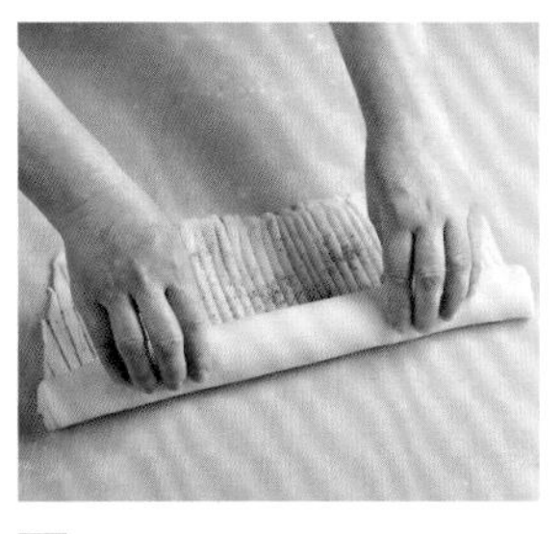

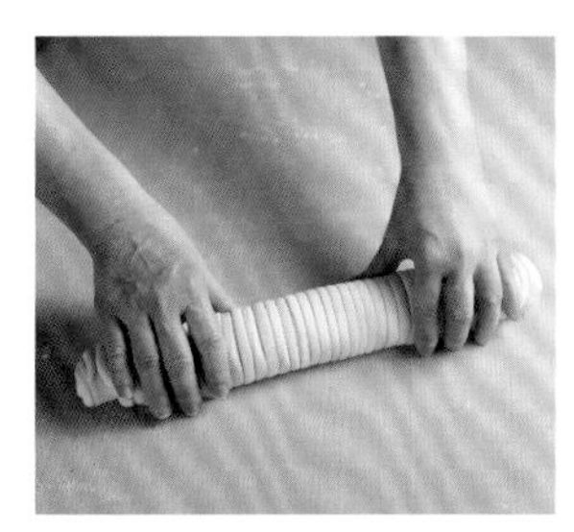

6 將麵糰捲成圓柱體，封口要黏緊，再用手輕輕地搓成粗細均等狀。

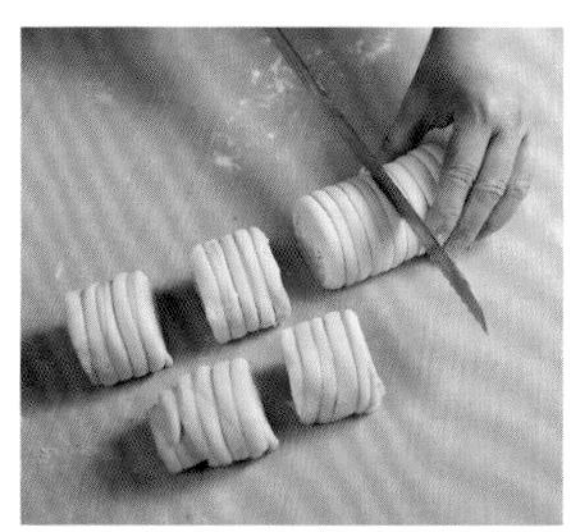

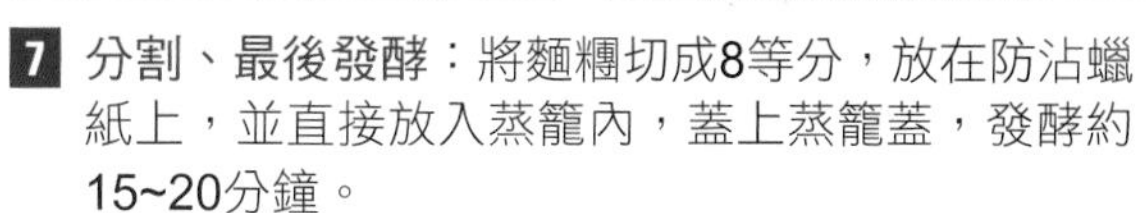

7 **分割**、**最後發酵**：將麵糰切成8等分，放在防沾蠟紙上，並直接放入蒸籠內，蓋上蒸籠蓋，發酵約15~20分鐘。

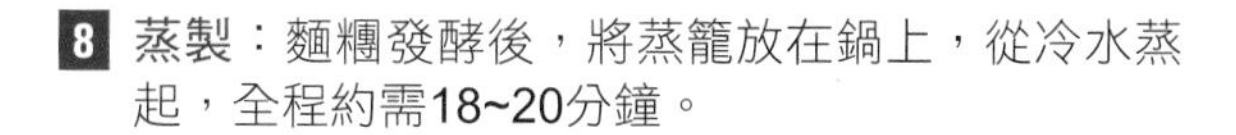

8 **蒸製**：麵糰發酵後，將蒸籠放在鍋上，從冷水蒸起，全程約需18~20分鐘。

提醒

★做法細節請看p.104「饅頭總複習」。

棗餑餑

利用「麵種＋主麵糰」
↓
二次攪拌（揉麵）

饅頭又稱「餑餑」，因此高聳饅頭上塞滿了棗子，即稱「棗餑餑」，亦稱「棗山」。
以麵食為主的中國北方，每到過年一定有棗餑餑，如同台灣過年吃發糕。
棗，音同「早」，象徵早發、早生貴子、早日成材等，這道帶有年味的吉祥食物，
比起單純的白饅頭，更具有外觀的美感及寓意。

材料　份量：約4個

麵種
水 100克
即溶酵母 1克（1/4小匙）
中筋麵粉 150克

主麵糰
水 110克
即溶酵母 2克（1/2小匙）
細砂糖 25克
中筋麵粉 250克
沙拉油 10克

配料
紅棗 52粒

做法

1 麵種：依p.98「麵種」的做法，將水、即溶酵母及中筋麵粉混合，用筷子用力攪勻即可，蓋上保鮮膜，發酵約4~5小時。

2 麵種＋主麵糰：依p.99「二次攪拌（揉麵）」的做法，將麵種與主麵糰的所有材料混合，搓揉成光滑狀麵糰。

3 鬆弛、分割：麵糰上撒些麵粉，蓋上保鮮膜，放在室溫下鬆弛約5分鐘，再分割成4等分。

4 手搓法（p.103說明）：將每份麵糰搓揉成光滑狀，儘量將氣泡壓出，麵糰整成圓形。

5 將圓形麵糰的底部用力捏合。

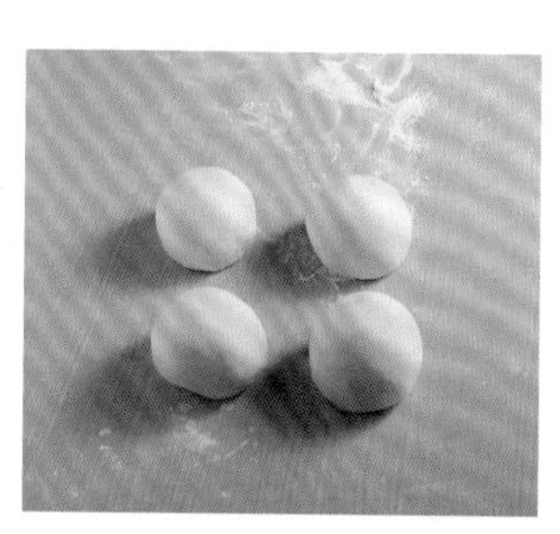

6 用雙手來回不停地搓揉，呈挺立狀，全部整形後，再鬆弛約5分鐘。

7 塞入紅棗：用食指及拇指在麵糰表面（頂端）拉出小孔洞，再塞入一粒紅棗，接著以同樣方式分別在麵糰四等分位置各塞入2粒紅棗。

8 接著在四等分位置空位處再各塞入一粒紅棗。

9 最後發酵：紅棗塞好後，將麵糰放在防沾蠟紙上，直接放入蒸籠內，蓋上蒸籠蓋，發酵約20~30分鐘。

10 蒸製：麵糰發酵後，將蒸籠放在鍋上，從冷水蒸起，全程約需23~25分鐘。

提醒

★作法7~8：將麵糰劃分成四等分，先從最頂端塞入紅棗，再沿著四等分位置各塞入2粒紅棗，即成四個區塊；最後在每個區塊各塞入一粒紅棗，一個饅頭共塞13粒紅棗。

★做法細節請看p.104「饅頭總複習」。

羊角饅頭

利用「麵種＋主麵糰」
↓
二次攪拌（揉麵）

因外型特色，而稱「羊角饅頭」，將整形好的麵糰貼在大圓鍋內，
並注入大量的清水，以水油烙方式完成，而讓成品底部形成焦化效果；
綿軟中帶有脆香的嚼感，有別於一般饅頭。

材料 份量：約12個

麵種
水 160克
即溶酵母 1克（1/4小匙）
中筋麵粉 250克

主麵糰
水 170克
即溶酵母 3克（1/2小匙+1/4小匙）
細砂糖 25克
中筋麵粉 400克
沙拉油 10克

做法

1 麵種：依p.98「麵種」的做法，將水、即溶酵母及中筋麵粉混合，輕輕地搓勻即可（會黏手，但不要撒粉），蓋上保鮮膜，發酵約4~5小時。

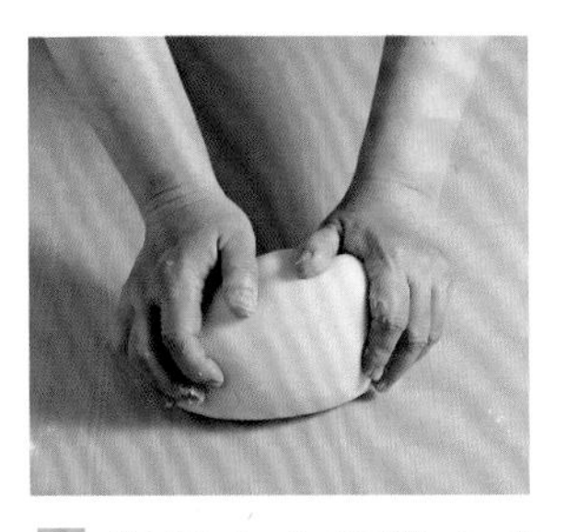

2 麵種＋主麵糰：依p.99「二次攪拌（揉麵）」的做法，將麵種與主麵糰的所有材料混合，搓揉成光滑狀麵糰。

3 鬆弛：麵糰上撒些麵粉，蓋上保鮮膜，放在室溫下鬆弛約5分鐘。

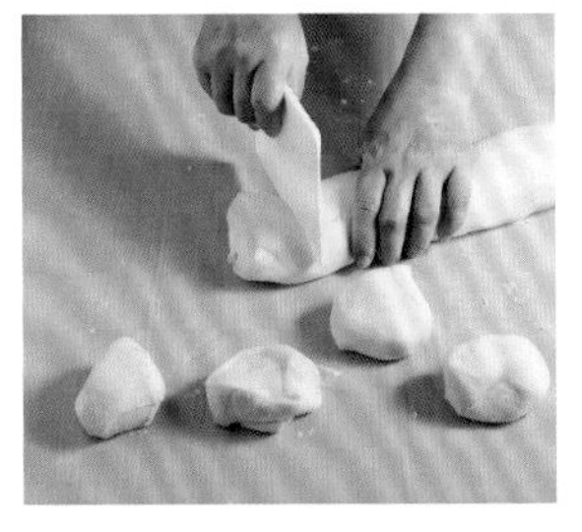

4 分割：將麵糰搓長，再分割成12等分。

5 手搓法（p.103說明）：將每份麵糰搓揉成光滑狀，儘量將氣泡壓出，麵糰整成圓形，將底部用力捏合。

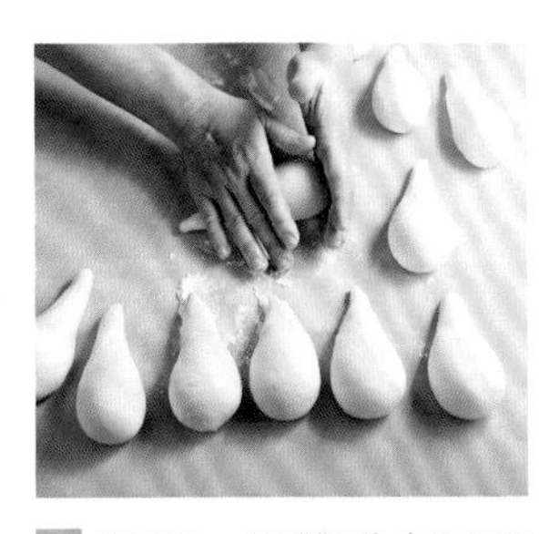

6 整形：用雙手來回不停地搓揉麵糰（如p.115做法6，呈挺立狀），再將圓麵糰橫放（底部朝右側或左側），用手搓成長形的圓錐狀，長度約12~14公分。

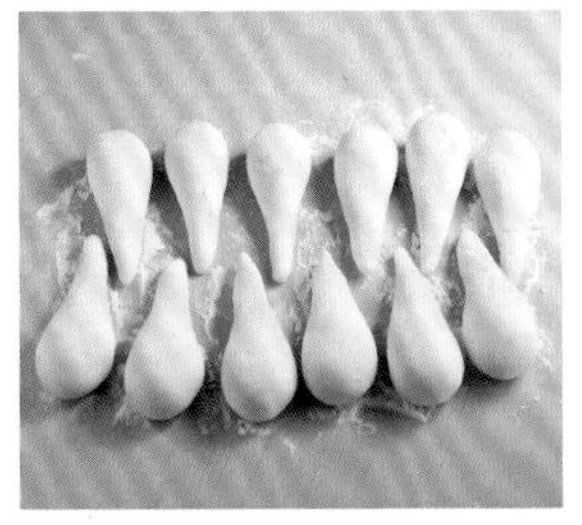

7 最後發酵：將整形好的麵糰蓋上保鮮膜，在室溫下發酵約25~30分鐘。

8 水油烙：將炒鍋加熱，再用廚房紙巾沾些沙拉油均勻地抹在炒鍋內。

9 將發酵完成的麵糰鋪排在炒鍋內，並倒入約200克的清水（淋在麵糰表面），再將沙拉油約1大匙，從麵糰頂端邊緣繞一圈淋入麵糰內。

10 蓋上鍋蓋，用小火加熱約20分鐘，熄火後再燜約3分鐘，將鍋蓋掀個小縫，待熱氣散發約1分鐘後，再將鍋蓋打開，將饅頭鏟出即可。

提醒

★做法8：炒鍋必須確實預熱，並抹上均勻的沙拉油，當鍋具有溫度時，生麵糰貼上後即能瞬間定型，成品才能順利鏟出。

★做法10：饅頭烙完後，底部會呈現金黃色的脆殼，待降溫穩定時，可利用鍋鏟（或尖刀）從邊緣剝開，即可順利將成品鏟出；如掀蓋後，鍋內仍有濕氣，底部未上色，則繼續用小火開蓋加熱。

黑芝麻紅糖大餅

利用「即溶酵母」
↓
一次攪拌（揉麵）

黑芝麻的香氣加上紅糖的甜味，融合於麵糰中，美味度大大提升。

材料　份量：1個

水 110克
即溶酵母 1.5克（1/4小匙+1/8小匙）
細砂糖 15克
中筋麵粉 200克
沙拉油 10克
熟的黑芝麻 15克

紅糖油酥
沙拉油 5克
中筋麵粉 10克
紅糖 30克（過篩後）

做法

1 **麵糰**：依p.96「一次攪拌（揉麵）」的做法，將水、即溶酵母、細砂糖、中筋麵粉及沙拉油混合，搓揉成光滑狀麵糰，再將熟的黑芝麻加入麵糰內揉勻。

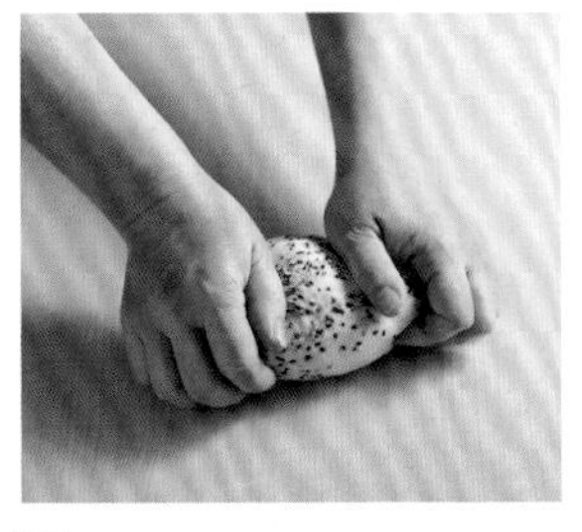

2 **鬆弛**：麵糰揉勻後，在麵糰上撒些麵粉，蓋上保鮮膜，放在室溫下鬆弛約5分鐘。

3 **紅糖油酥**：沙拉油加入中筋麵粉用小湯匙攪勻，再倒入紅糖攪勻備用。

4 **鋪紅糖油酥**：將麵糰壓平，擀成長約30公分、寬約20公分的長方形，翻面後將多餘的麵粉刷掉，再鋪上紅糖油酥。

5 紅糖油酥不要鋪滿（麵糰四周留約1公分），用手掌將紅糖油酥壓平，將麵糰一端壓扁，並刷上少許清水，以利麵糰黏合。

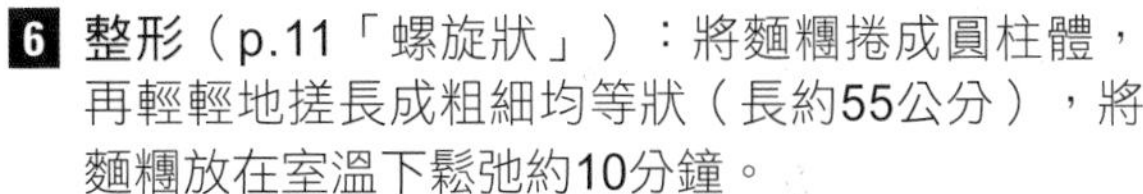

6 **整形**（p.11「螺旋狀」）：將麵糰捲成圓柱體，再輕輕地搓長成粗細均等狀（長約55公分），將麵糰放在室溫下鬆弛約10分鐘。

7 **鬆弛**：將長條麵糰盤成螺旋狀，捲完後將麵糰尾端捏扁再塞入底部，放在室溫下，鬆弛約15分鐘。

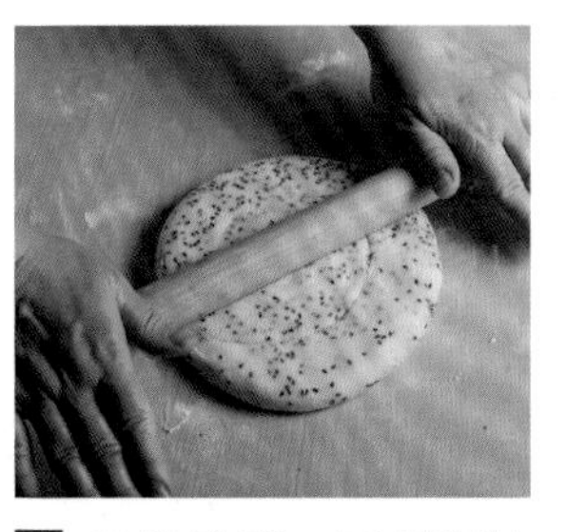

8 **最後發酵**：再輕輕地從麵糰中心向周圍擀開，直徑約13~15公分，必須順著麵糰筋性分次擀開，蓋上保鮮膜，在室溫下發酵約15~20分鐘。

9 **乾烙**：平底鍋稍微加熱，用刮板輕輕地將麵糰鏟起，放入鍋內，以小火加熱，蓋上鍋蓋，約3~5分鐘後，底部如已定型即可翻面，全程約需20分鐘。

提醒

★**做法9**：開始加熱時，可用鍋鏟輕輕地壓住膨脹的麵糰，待定型後再蓋上鍋蓋。

紅糖燒餅

利用「即溶酵母」
↓
一次攪拌（揉麵）

類似一般的芝麻燒餅，但麵皮中裹著紅糖芝麻餡，即成加味的甜燒餅。

材料 份量：約8個

水 120克
即溶酵母 1克（1/4小匙）
細砂糖 10克
中筋麵粉 200克
沙拉油 10克

軟油酥
低筋麵粉 110克
沙拉油 45克

紅糖芝麻餡
熟的白芝麻 15克
無鹽奶油 25克
紅糖 60克

裝飾
全蛋 20克
生的白芝麻 50克

做法

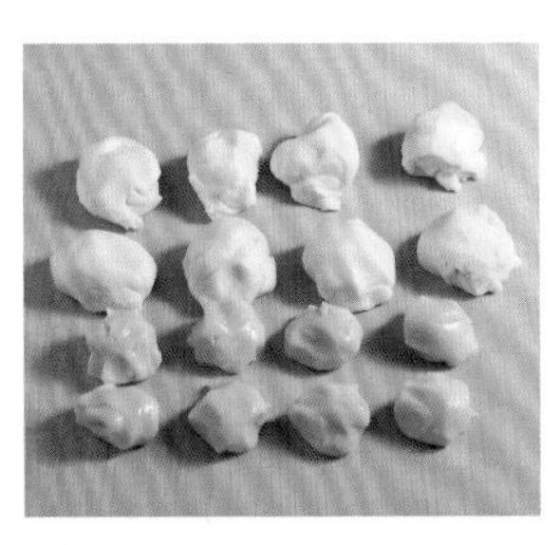

1 麵糰：依p.96「一次攪拌（揉麵）」的做法，將水、即溶酵母、細砂糖、中筋麵粉及沙拉油混合，搓揉成光滑狀麵糰，抹點油放在室溫下鬆弛約10分鐘。

2 軟油酥：依p.17「軟油酥(一)」的做法，將低筋麵粉及沙拉油混合攪勻備用。

3 分割：將麵糰及軟油酥分別均分成8等分。

4 麵糰＋油酥：依p.22「小包酥」的做法2，將做法3的軟油酥包入麵糰內。

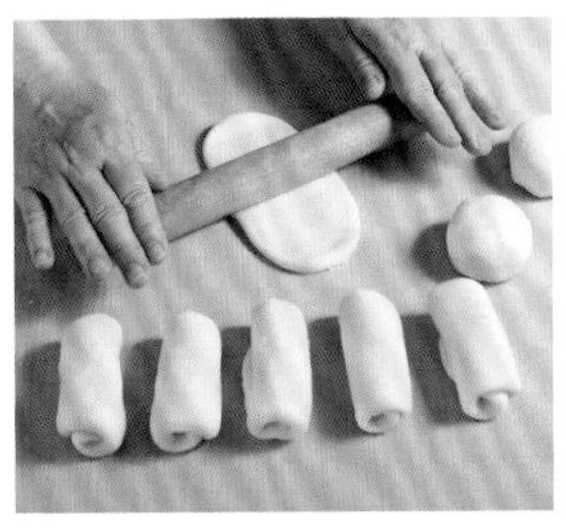

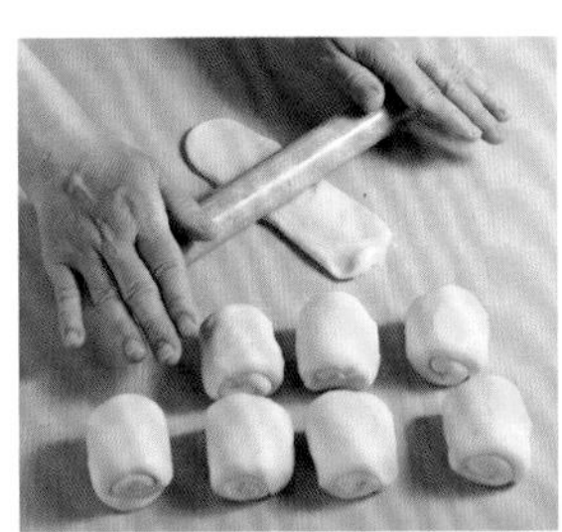

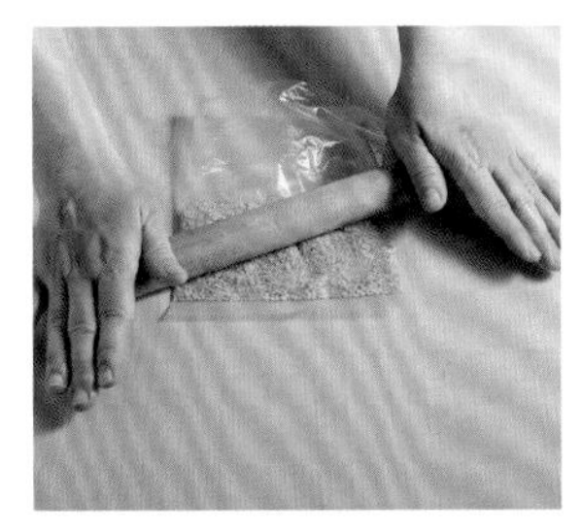

5 再依p.22做法3~7，將做法4的麵糰擀捲2次（擀成橢圓形，第一次長約15公分，第二次長約17公分），鬆弛約10~15分鐘。

6 紅糖芝麻餡：熟的白芝麻裝入塑膠袋內，用擀麵棍壓碎，再與軟化的無鹽奶油及紅糖攪勻，均分成8等分，冷藏至凝固備用。

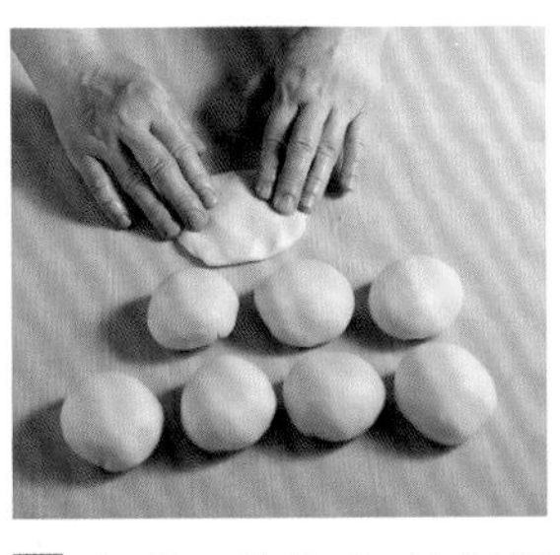

7 包餡：將做法5的麵糰用手捏扁（儘量成圓形），再攤成直徑約9公分的圓片狀（中間厚、周圍薄），再包入約12克的餡料，全部包完後，再鬆弛約10~15分鐘。

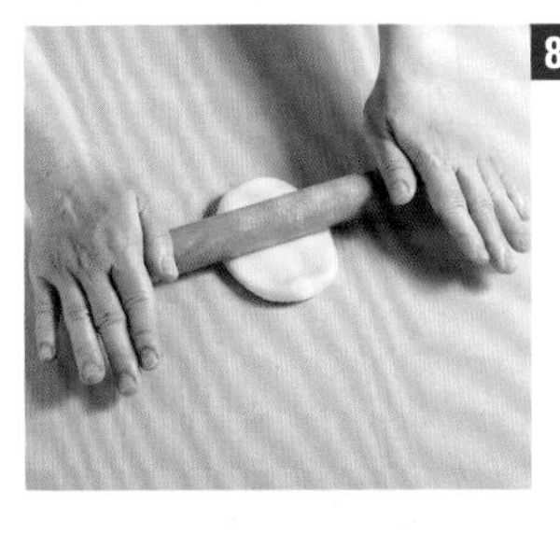

8 整形：將麵糰輕輕地壓平，再擀成長約12公分的橢圓形。

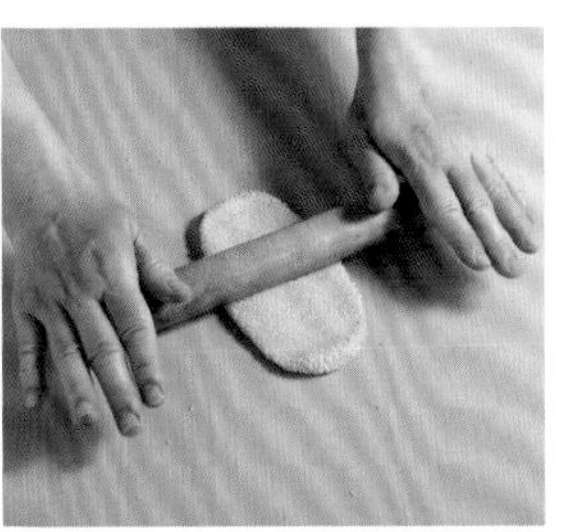

9 在麵糰表面刷上均勻的蛋液，沾上生的白芝麻再擀長（約15公分），接著鋪排在烤盤上（有芝麻的一面朝下），發酵約10~15分鐘。

10 烘烤：烤箱預熱後，以上、下火約190℃烤約15分鐘，再翻面續烤約5分鐘，成金黃色即可。

提醒

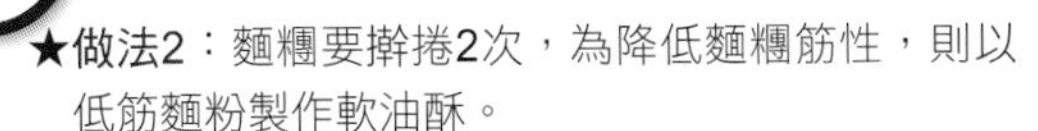

★做法2：麵糰要擀捲2次，為降低麵糰筋性，則以低筋麵粉製作軟油酥。

★做法6：紅糖芝麻餡儘量冷藏凝固，有助於整形。

★做法8：餡料包好後，分兩次將麵糰擀長，不可勉強用力擀開，以免內餡爆開。

光餅

利用「麵種＋主麵糰」
↓
二次攪拌（揉麵）

光餅，也稱繼光餅或鹹光餅，具單純的麵香及鹹味，是中國福州地方性的風味小吃；
傳統作法應是貼在爐壁上烘烤，也能以家用烤箱完成，同樣具有金黃色外觀，
如果有興趣，也可在麵糰表面沾滿白芝麻，如此一來，香氣更豐富。

材料　份量：約12個

麵種
水 100克
即溶酵母 1克（1/4小匙）
中筋麵粉 150克

主麵糰
水 125克
即溶酵母 2克（1/2小匙）
細砂糖 20克
鹽 1/2小匙
中筋麵粉 300克
沙拉油 10克

裝飾
蛋液 約20克

做法

1 麵種：依p.98「麵種」的做法，將水、即溶酵母及中筋麵粉混合，用筷子用力攪勻即可，蓋上保鮮膜，發酵約4~5小時。

2 麵種＋主麵糰：依p.99「二次攪拌（揉麵）」的做法，將麵種與主麵糰的所有材料混合，搓揉成光滑狀麵糰。

3 鬆弛：麵糰上撒些麵粉，蓋上保鮮膜，放在室溫下鬆弛約10分鐘。

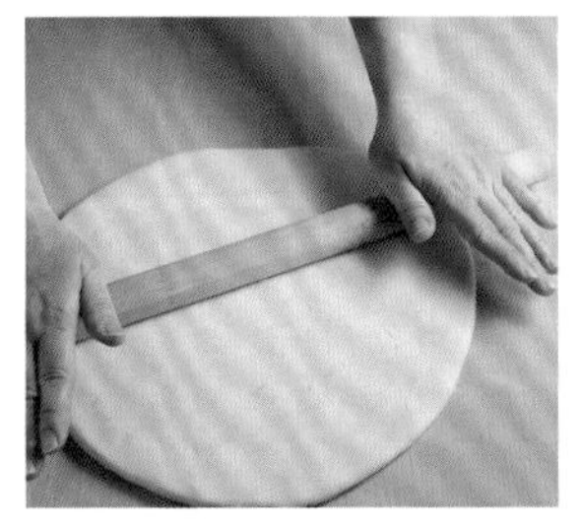

4 擀麵糰：將麵糰壓平，再擀成厚約1.5公分的片狀。

5 切割、最後發酵：用圓刻模（直徑約7~8公分）將麵皮切割出圓片狀，直接放入烤盤內，蓋上保鮮膜，在室溫下發酵約15~20分鐘。

6 用筷子在麵糰中心處插洞，再刷上均勻的蛋液（加一點水稀釋）。

7 烘烤：烤箱預熱後，以上火約230℃、下火約170℃烤約15分鐘，成金黃色即可。

★**做法5**：剩餘的麵糰再搓揉均勻，再重複做法3~6的動作，待第一盤出爐後再繼續烘烤。切割麵糰的圓刻模，可利用杯口、金屬罐的蓋子或任何可切割的圓形道具。

椒鹽小烙餅

利用「麵種＋主麵糰」
↓
二次攪拌（揉麵）

單純的白色麵糰，只因加了花椒的香麻氣味，瞬間變成鹹味麵食，
當然美味來源的「麵種」，也是功不可沒；製成小尺寸的烙餅，別有滋味。

材料　份量：約15個

麵種
水　110克
即溶酵母　2克（1/2小匙）
中筋麵粉　150克

主麵糰
水　65克
細砂糖　10克
中筋麵粉　150克
沙拉油　10克

椒鹽
花椒粒　2小匙
海鹽　1小匙

做法

1 麵種：依p.98「麵種」的做法，將水、即溶酵母及中筋麵粉混合，用筷子用力攪勻即可，蓋上保鮮膜，發酵約4~5小時。

2 麵種＋主麵糰：依p.99「二次攪拌（揉麵）」的做法，將麵種與主麵糰的所有材料混合，搓揉成光滑狀麵糰。

3 鬆弛：麵糰抹些沙拉油，放在室溫下鬆弛約5分鐘。

4 椒鹽：用小火將花椒粒炒香（注意不要炒焦），冷卻後用擀麵棍壓成細屑狀，再與海鹽混合備用。

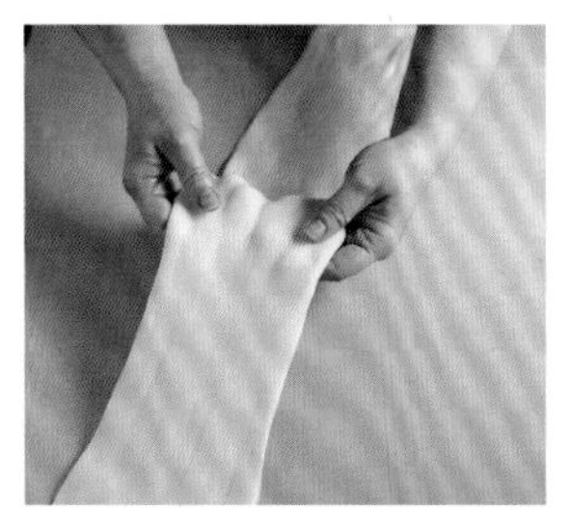

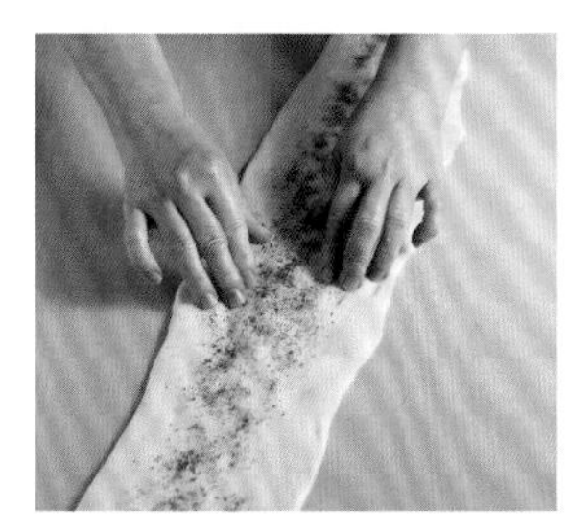

5 整形：將麵糰壓平，再擀成長約60公分、寬約10公分的長方形（案板上抹油），接著均勻地撒上椒鹽，再捲成長條狀。

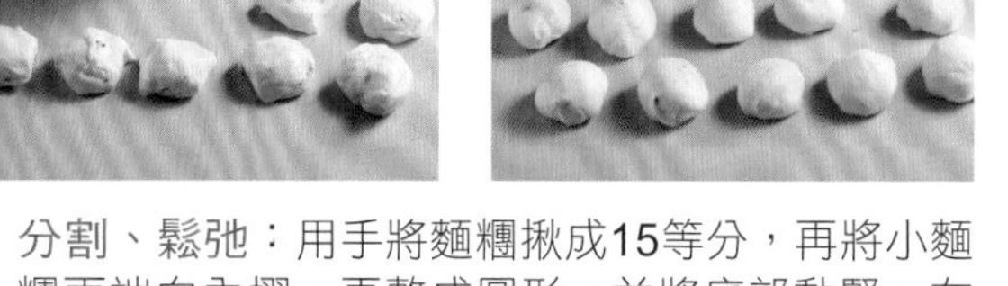

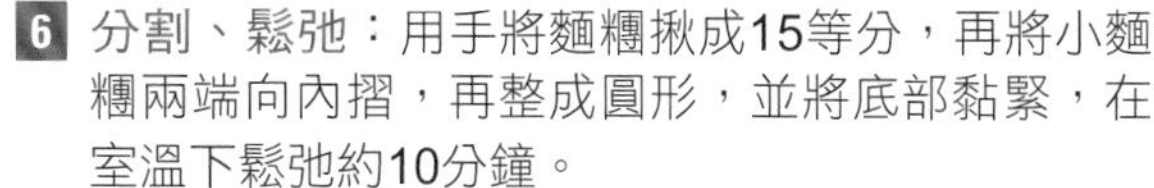

6 分割、鬆弛：用手將麵糰揪成15等分，再將小麵糰兩端向內摺，再整成圓形，並將底部黏緊，在室溫下鬆弛約10分鐘。

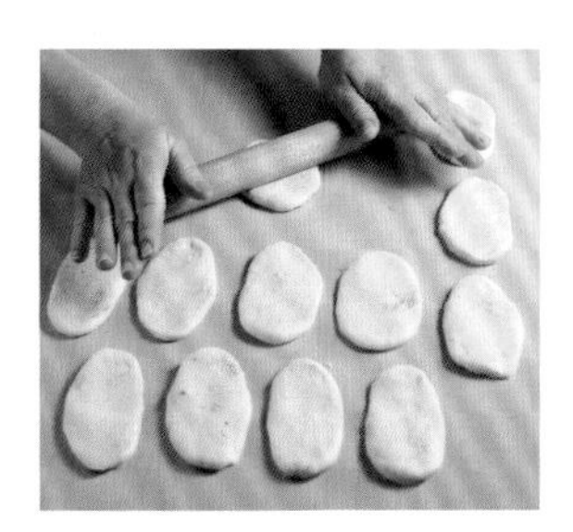

7 擀麵糰、最後發酵：將麵糰壓平，再擀成厚約0.5公分的橢圓形，在室溫下發酵約15分鐘。

8 乾烙：平底鍋稍微加熱，放入麵糰以小火加熱，將兩面烙成金黃色即可。

提醒

★做法2：麵糰含水量高，搓揉完成後必須抹上沙拉油，以防止沾黏。

★炒熟後的花椒粒質地輕脆，香氣濃郁，冷卻後可輕易擀碎；如改用市售的花椒粉，用量是1小匙。

★麵糰擀成片狀，是方便撒上椒鹽，但麵皮上沒有抹油，因此捲起後不會呈現層次效果。

蔥花大餅

參見DVD示範

利用「麵種＋主麵糰」
↓
二次攪拌（揉麵）

厚實的大餅，一層一層夾著蔥花，這樣的麵食，相信是許多人的最愛；
只要付出耐心照著做，並以小火烙製，即能做出廣受歡迎的金黃色大餅。

材料 份量：1個

麵種
水 250克
即溶酵母 2克（1/2小匙）
中筋麵粉 350克

主麵糰
細砂糖 15克
中筋麵粉 50克
沙拉油 15克

蔥花餡
鹽 1又1/2小匙 ┐混合
白胡椒粉 1/2小匙 ┘
蔥花 150克

抹麵糰
沙拉油 1大匙

提醒

★這道「蔥花大餅」的做法，每次反摺麵皮即鋪上蔥花，造成多層次效果。

★蔥花150克，可均分成3等分，前2次各鋪約1/3的量，後2次則將剩餘的蔥花各鋪上約1/2的量。

做法

1 麵種：依p.98「麵種」的做法，將水、即溶酵母及中筋麵粉混合，用筷子用力攪勻即可，蓋上保鮮膜，發酵約4~5小時。

2 麵種＋主麵糰：依p.99「二次攪拌（揉麵）」的做法，將麵種與主麵糰的所有材料混合，搓揉成光滑狀麵糰；撒些麵粉，蓋上保鮮膜，放在室溫下鬆弛約10分鐘。

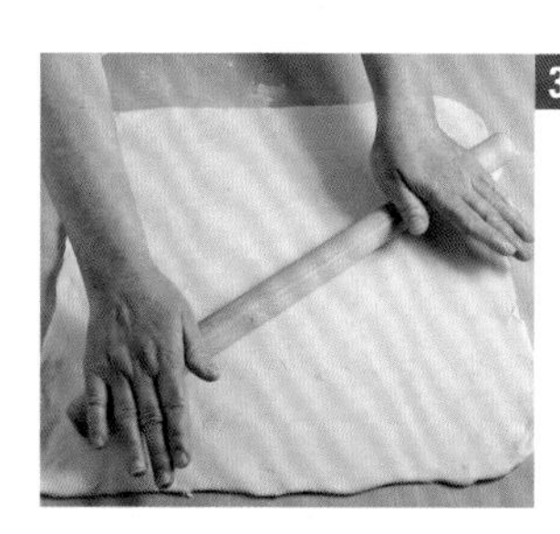

3 擀麵糰：將麵糰壓平，再擀成長、寬約40公分的正方形。

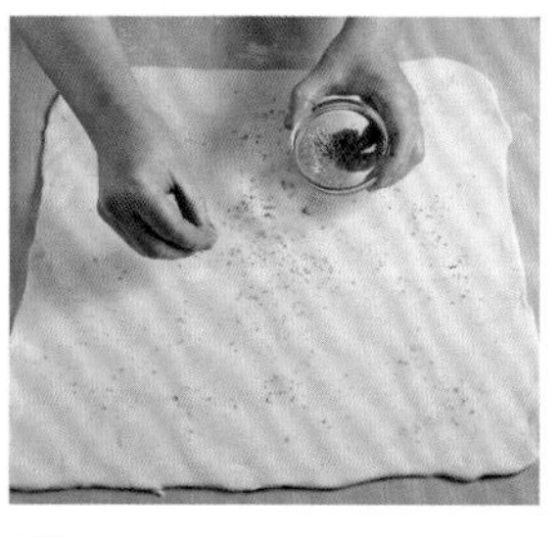

4 整形（p.14「三分法」）：接著均勻地抹上沙拉油，並撒上鹽及白胡椒粉（約1/3的量），再將蔥花（約1/3的量）鋪在麵皮中心處（約1/3的面積）。

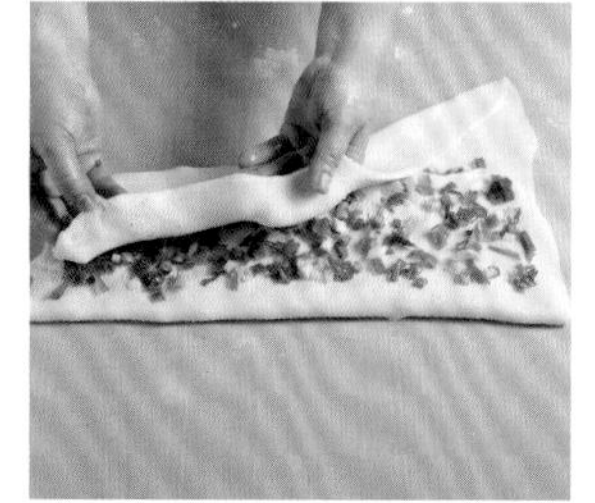

5 將一側麵皮反摺蓋在蔥花上，並在反摺的麵皮上鋪滿蔥花，接著將另一側的麵皮反摺蓋在蔥花上，並將封口黏緊。

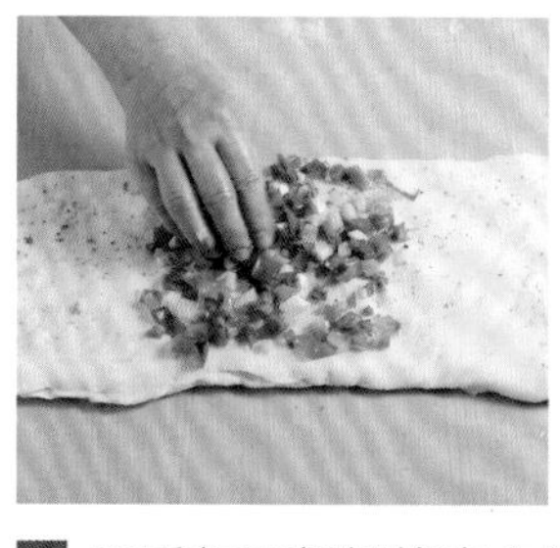

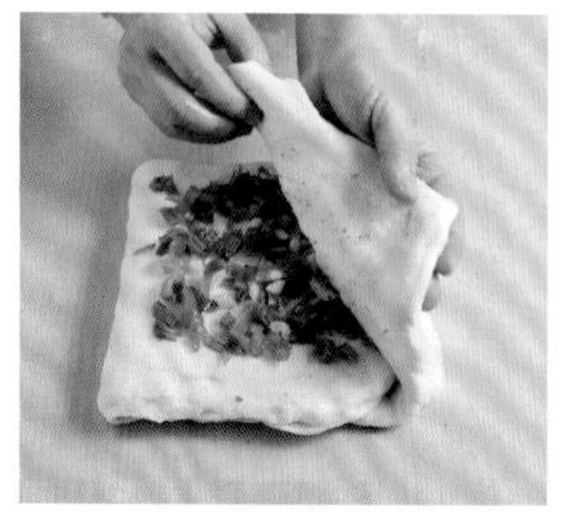

6 用手輕壓麵糰擠出空氣並整平，稍微拉開讓面積變大些，再均勻地抹油，撒上鹽及白胡椒粉，接著將蔥花鋪在麵皮中心處（約1/3的面積），再重複做法5的動作。

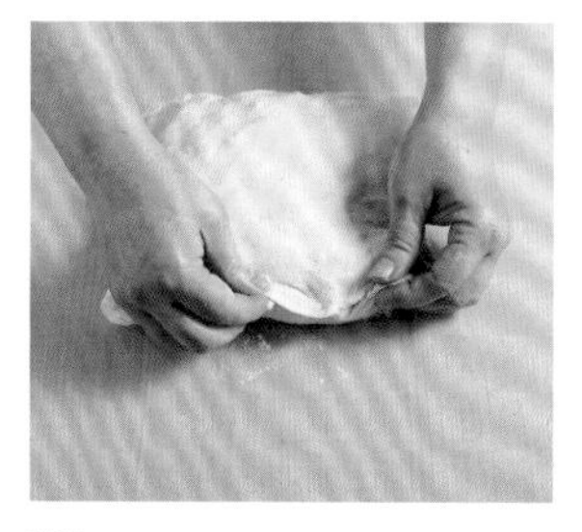

7 將麵糰四周的封口黏緊，將四個角塞入底部並用雙手搓圓（也可省略此動作，成正方形麵糰），在室溫下鬆弛約10分鐘。

8 最後發酵：輕輕地從麵糰中心處向周圍擀開，儘量厚薄一致，直徑約25公分、厚度約1.5公分，在室溫下發酵約10~15分鐘。

9 油烙：平底鍋稍微加熱，倒入約1大匙的沙拉油，用刮板鏟起麵糰，放入鍋內，以小火加熱，約3~5分鐘後底部如已定型即可翻面。

10 從鍋邊再倒入一點沙拉油，蓋上鍋蓋，繼續用小火烙熟，平均約3~5分鐘必須翻面，兩面烙成金黃色即可，全程約需15~18分鐘。

南瓜包

利用「即溶酵母」
↓
一次攪拌（揉麵）

台式口味的筍丁餡料，配上金黃誘人的包子皮，口感及風味都讓人回味無窮；
而以南瓜造型呈現，表裏一致，讓視覺及味覺得以滿足。

材料　份量：約8個

南瓜（去皮後） 70克
水 85克
即溶酵母 3克（1/2小匙＋1/4小匙）
細砂糖 10克
中筋麵粉 250克
沙拉油 5克

筍丁香菇餡

乾香菇 3朵（約5克）
綠竹筍 65克
豬絞肉 100克
蔥白（切成細末） 一小段（約5克）

調味料

鹽 1/4小匙
水 1小匙
醬油 1小匙＋1/2小匙
細砂糖 1/4小匙
白胡椒粉 1/8小匙
白麻油 1小匙

裝飾

葡萄乾 2~3顆

做法

1 筍丁香菇餡：乾香菇加水泡軟，擠乾後切碎；綠竹筍煮熟後切成細丁狀；豬絞肉加入鹽、水及醬油，攪至水分完全吸收，再加入細砂糖、白胡椒粉攪勻，接著倒入香菇末、筍丁及蔥白，最後加入白麻油攪勻備用。

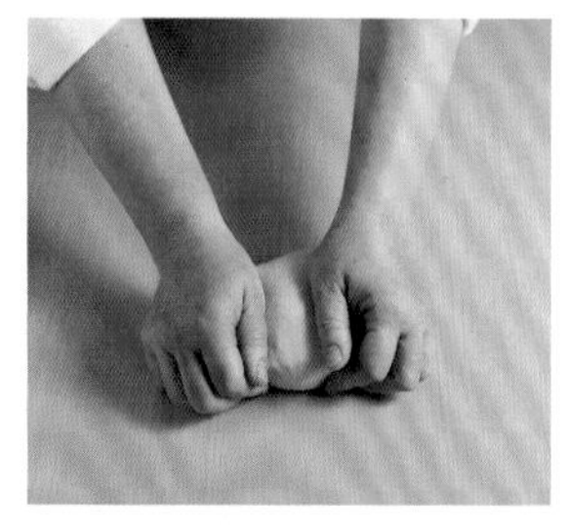

2 麵糰：南瓜切小塊蒸熟，趁熱壓成泥狀，冷卻備用；依p.96「一次攪拌（揉麵）」做法，將水、即溶酵母、細砂糖、中筋麵粉、南瓜泥及沙拉油混合，搓揉成光滑狀麵糰。

3 鬆弛、分割：麵糰上撒些麵粉，蓋上保鮮膜，放在室溫下鬆弛約5分鐘，再分割成8等分。

4 將麵糰搓揉成圓球狀，放在室溫下鬆弛約5分鐘。

5 包餡：將麵糰壓平，再擀成中間厚、周圍薄的圓片狀（直徑約10~11公分）。

6 將8份麵糰全部擀完後，再開始包入餡料（約35克），收口要確實黏緊。

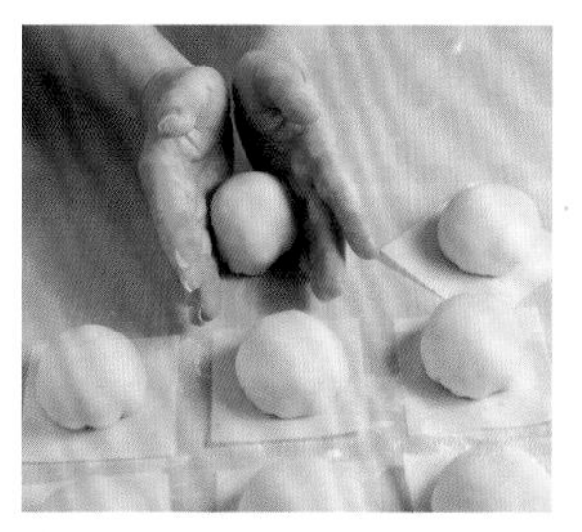

7 將麵糰收口朝下，用雙手來回搓揉成挺立狀，再用刮板切割出八等分的刻痕，頂端再插入切條的葡萄乾當成梗。

8 最後發酵：將麵糰放在防沾蠟紙上，直接放入蒸籠內，發酵約15~20分鐘。

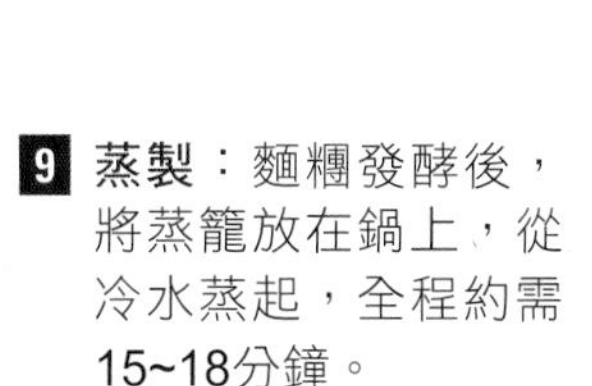

9 蒸製：麵糰發酵後，將蒸籠放在鍋上，從冷水蒸起，全程約需15~18分鐘。

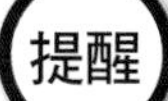

提醒

★**做法2**：南瓜蒸熟後，如有多餘的水分，必須瀝乾再壓成泥狀。

★**做法6**：麵皮鬆弛後較容易包餡，因此必須依擀皮先後順序，先擀好的麵皮先包。

★做法細節請看p.106「包子總複習」。

酒釀紅豆餅

利用「麵種、即溶酵母」
↓
二次攪拌（揉麵）

富於嚼勁的餅皮與綿細香甜的紅豆餡，兩者組合，是許多人喜愛的熟悉滋味；
僅是少量的酒釀與麵種，但卻提升了餅皮的口感，堪稱耐人尋味的甜烙餅。

材料 份量：約6個

麵種
水 70克
即溶酵母 1克（1/4小匙）
中筋麵粉 100克

主麵糰
水 80克
酒釀（取汁液） 35克
即溶酵母 2克（1/2小匙）
細砂糖 20克
中筋麵粉 200克

紅豆泥
紅豆 200克
清水 700克
黃砂糖（二砂） 180克
無鹽奶油 10克

做法

1 紅豆泥：依p.108「紅豆泥」的製作方式，將紅豆泥製作完成，秤出6份，每份約40克備用。

2 麵種：依p.98「麵種」的做法，將水、即溶酵母及中筋麵粉混合，用筷子用力攪勻即可，蓋上保鮮膜，發酵約4~5小時。

3 麵種＋主麵糰：將水加酒釀攪勻，依p.99「二次攪拌（揉麵）」的做法，將麵種與主麵糰的所有材料混合，搓揉成光滑狀麵糰。

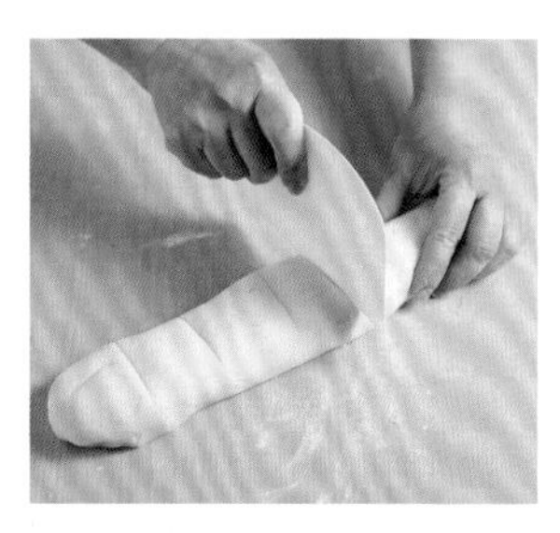

4 鬆弛，分割：麵糰上撒些麵粉，蓋上保鮮膜，放在室溫下鬆弛約5分鐘；將麵糰搓長，再分割成6等分。

5 將麵糰整成圓形，並將底部捏緊，再鬆弛約5分鐘。

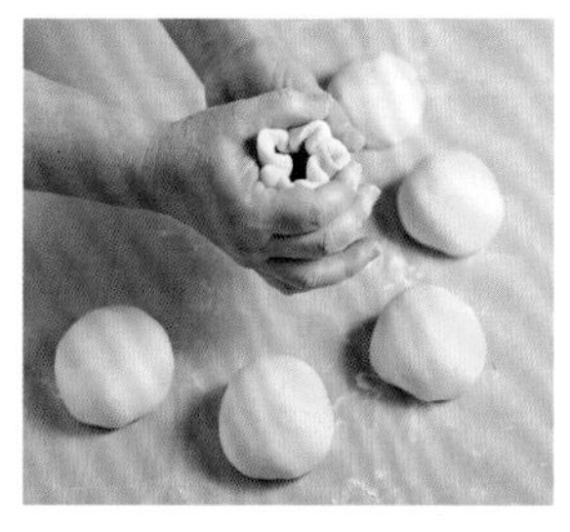

6 包餡：將麵糰壓平，再擀成中間厚、周圍薄的圓片狀（直徑約10~12公分），包入紅豆泥，並將封口捏緊。

7 最後發酵：包好紅豆泥後，放在室溫下發酵約25分鐘。

8 乾烙：將平底鍋稍微加熱，將麵糰壓平，再放入鍋內，以小火加熱，烙成兩面金黃色即可，全程約需15分鐘。

提醒

★做法8：以最小的火慢慢乾烙，每隔3~5分鐘翻面一次；用手輕壓邊緣的麵糰，如具彈性且不會凹陷時，即表示烙熟。

可可芝麻饅頭

利用「麵種＋主麵糰」
↓
二次攪拌（揉麵）

無窮變化的「有色」饅頭，從點、線、面開始延伸，掌握製作原則，
即能做出可愛有趣的成品；有挑戰也有成就感，當然美味也不缺。

材料 份量：約10個

麵種
水 70克
即溶酵母 1克（1/4小匙）
中筋麵粉 100克

主麵糰
水 190克
即溶酵母 3克（1/2小匙+1/4小匙）
細砂糖 30克
中筋麵粉 400克
沙拉油 10克

裝飾
無糖可可粉 4克（2小匙）

芝麻餡
熟的白芝麻 20克 ┐混
糖粉 15克 ┘合

做法

1 **麵種**：依p.98「麵種」的做法，將水、即溶酵母及中筋麵粉混合，用筷子用力攪勻即可，蓋上保鮮膜，發酵約4~5小時。

2 **麵種＋主麵糰**：依p.99「二次攪拌（揉麵）」的做法，將麵種與主麵糰的所有材料混合，搓揉成光滑狀麵糰。

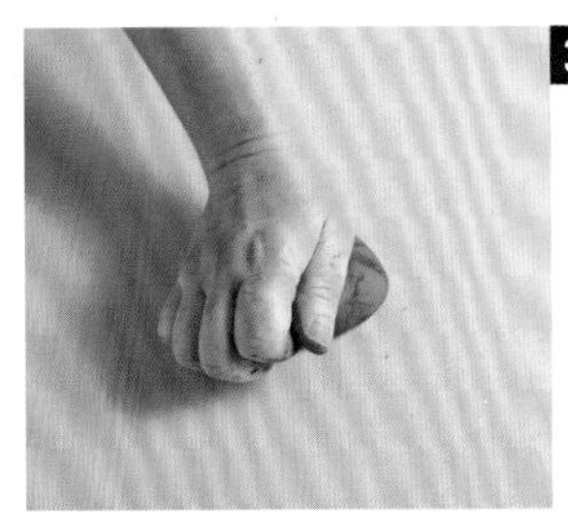

3 取約80克的麵糰，加入無糖可可粉（可加水1/2小匙）搓揉均勻，成為**可可麵糰**。

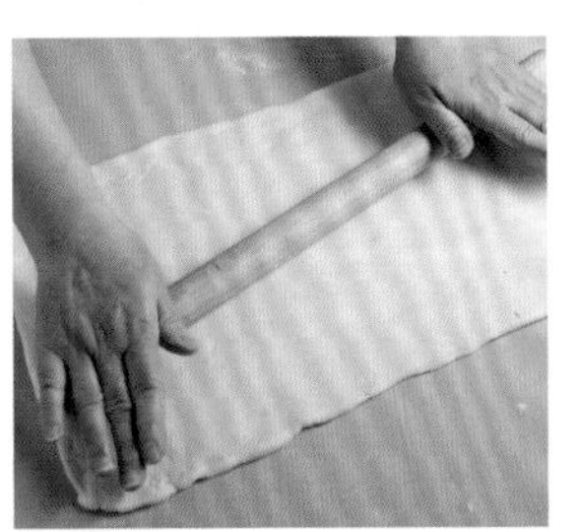

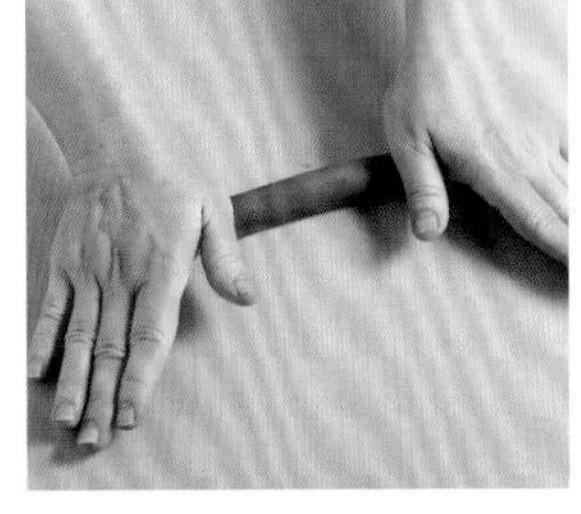

4 **擀麵糰**：將做法2的麵糰壓平，擀成長約40公分、寬約25公分的長方形，並將可可麵糰搓成細條狀。

5 將可可麵糰切割成30等分，搓圓後刷上少許的清水，黏在麵糰上。

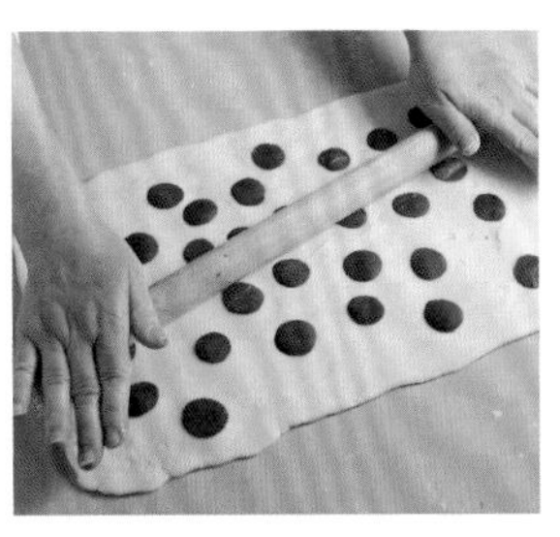

6 **刀切法**（p.101說明）：再用擀麵棍輕輕地將麵糰擀平，翻面後將麵糰上多餘的麵粉刷掉，再均勻地鋪上熟的白芝麻及糖粉（四周留1公分）。

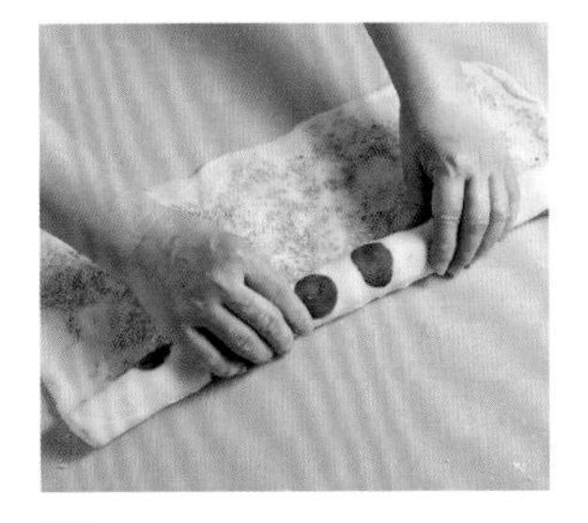

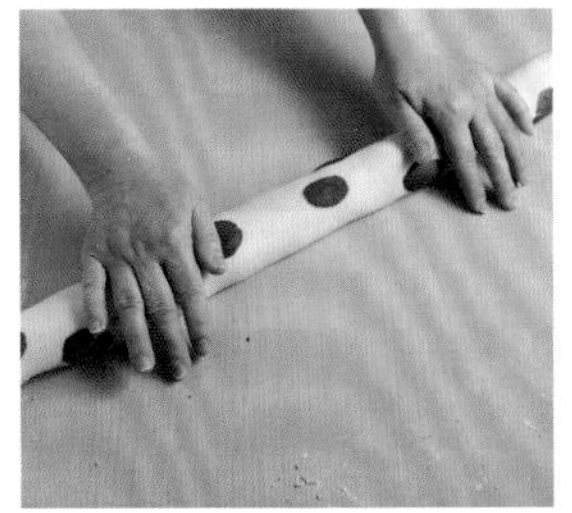

7 將麵糰捲成圓柱體，並將封口黏緊，再輕輕地搓成粗細均等狀。

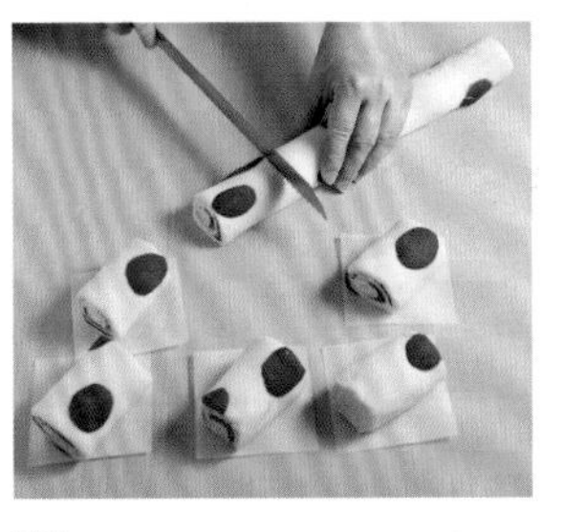

8 **分割**：將麵糰切成10等分，放在防沾蠟紙上，直接放入蒸籠內。

9 **最後發酵**：蓋上蒸籠蓋，發酵約15~20分鐘。

10 **蒸製**：麵糰發酵後，將蒸籠放在鍋上，從冷水蒸起，全程約需18~20分鐘。

提醒

★**做法3**：在揉製可可麵糰的同時，剩餘的白色麵糰（做法2）也在靜置鬆弛，因此，當可可麵糰揉好後，可接著將白色麵糰擀壓整形。

★**做法2**：如利用攪拌機攪拌麵糰時，當麵糰呈現均勻狀（尚未光滑），即可先取約80克麵糰（其餘的麵糰繼續攪拌），加入無糖可可粉用手搓揉成可可麵糰。

★**做法3**：麵糰加無糖可可粉，一開始較不易混合，可加少許的清水（約1/2小匙）增加濕度一起搓揉，則會從濕黏狀搓成乾爽的可可麵糰。

★做法細節請看p.104「饅頭總複習」。

紫薯甜包

利用「即溶酵母」
↓
一次攪拌（揉麵）

無論什麼品種的地瓜（番薯），都適合加入麵糰中，
而任何的色澤，都能顯現自然風味的美感；
尤其是豔麗的紫薯，調成餡料、製成麵皮，
做成可口又美味的甜包子，值得一試！

材料 份量：約8個

水 220克
即溶酵母 4克（1小匙）
細砂糖 40克
中筋麵粉 400克
沙拉油 10克
紫薯泥 約75克（請看做法1）

紫薯餡

紫薯（紫色地瓜） 280克（去皮後）
無鹽奶油 25克
細砂糖 40克

提醒

★**做法4**：麵糰加入紫薯泥搓揉時，可將麵糰掰成小塊再繼續搓揉，較容易均勻。

★**做法5、7**：麵糰分割前，必須先將麵糰內的氣泡揉出。

★**做法9**：切十字刀口時，食指及拇指輕輕地固定於麵糰底部，刀口深度至可稍微露出紫薯餡即可。

做法

1 **紫薯餡**：紫薯去皮（280克）切小塊再蒸熟，將多餘的水分倒掉，趁熱用叉子壓成細緻的泥狀，取出約200克準備做成餡料，剩餘約75克（會有損耗）留著拌入麵糰中。

2 將無鹽奶油倒入鍋中用小火加熱，融化後立刻熄火，接著倒入紫薯泥（約200克），用壓拌方式與奶油混勻，再加入細砂糖拌勻，待冷卻後分割成8等分（每份約30克），冷藏備用。

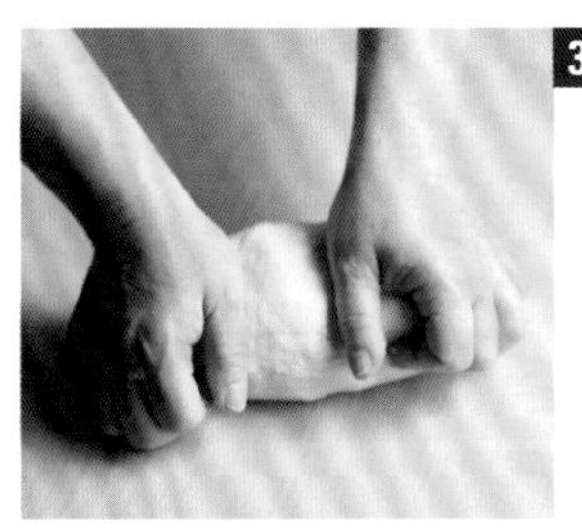

3 **麵糰**：依p.96「一次攪拌（揉麵）」做法，將水、即溶酵母、細砂糖、中筋麵粉及沙拉油混合，搓揉成光滑狀麵糰。

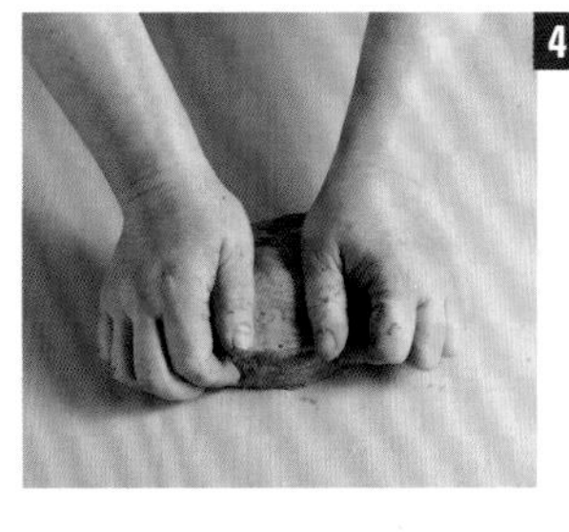

4 取麵糰約400克，加入紫薯泥（約75克）搓揉均勻，成**紫薯麵糰**。

5 **分割**：做法3剩餘的麵糰搓長，再分割成8等分，用手整成圓球狀再壓扁，再擀成中間厚、邊緣薄的圓片狀（直徑約10公分）。

6 **包餡**：將麵糰全部擀完後，再分別包入紫薯餡，收口黏緊並用雙手搓圓。

7 **整形**：將紫薯麵糰分割成8等分，用手整成圓球狀，壓扁後再擀成中間厚、邊緣薄的圓片狀（直徑約11公分）。

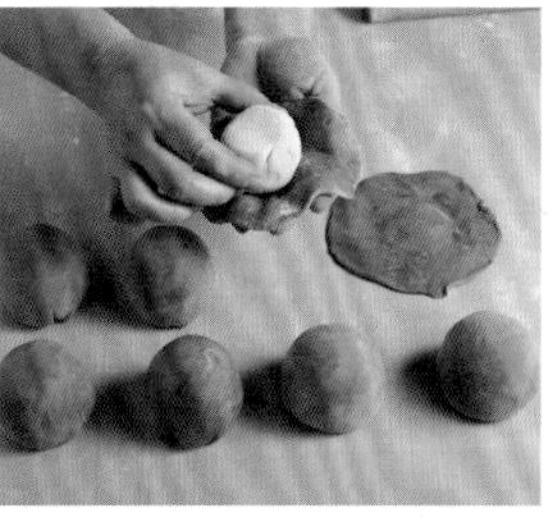

8 將做法6的麵糰底部朝上，放在紫薯麵糰上，收口黏緊並用雙手搓圓（如做法6），放在防沾蠟紙上。

9 用利刀在麵糰頂部輕輕地切出十字刀口，再將麵糰直接放入蒸籠內。

10 **最後發酵**：蓋上蒸籠蓋，在室溫下發酵約30~40分鐘。

11 **蒸製**：麵糰發酵後，將蒸籠放在鍋上，從冷水蒸起，全程約需18~20分鐘。

新疆饢餅

利用「即溶酵母」
↓
一次攪拌（揉麵）

地方性的麵食，以簡單手法完成，紮實耐嚼，越吃越香的「乾糧」。

材料 份量：約4個

水 200克
即溶酵母 2克（1/2小匙）
細砂糖 35克
中筋麵粉 250克
全麥麵粉 100克
沙拉油 10克
熟的黑、白芝麻 各15克

糖水
二砂糖 5克
熱水 10克

做法

1 麵糰：依p.96「一次攪拌（揉麵）」做法，將水、即溶酵母、細砂糖、中筋麵粉、全麥麵粉及沙拉油混合，搓揉成光滑狀麵糰，再加入熟的黑、白芝麻揉勻。

2 鬆弛：麵糰上撒些麵粉，蓋上保鮮膜，放在室溫下鬆弛約5分鐘。

3 分割：將麵糰搓長，再分割成4等分，用手整成圓球狀，並將底部捏緊，再鬆弛約5分鐘。

4 擀麵糰：將麵糰壓扁，再從麵糰中心處向周圍擀開，擀成直徑約18公分的圓片狀。

5 將圓片狀麵糰放在烤盤上，如麵糰間的空間較小，可將麵糰邊緣堆高豎起，以防止麵糰沾黏。

6 最後發酵：將數根叉子綁好後，在麵糰上叉些均勻的氣洞，在室溫下發酵約30分鐘。

7 刷糖水：二砂糖加熱水攪至砂糖融化成糖水，再均勻地刷在麵糰上。

8 烘烤：烤箱預熱後，以上火約230℃、下火約170℃烤約15分鐘，成金黃色即可。

有關「新疆饢餅」

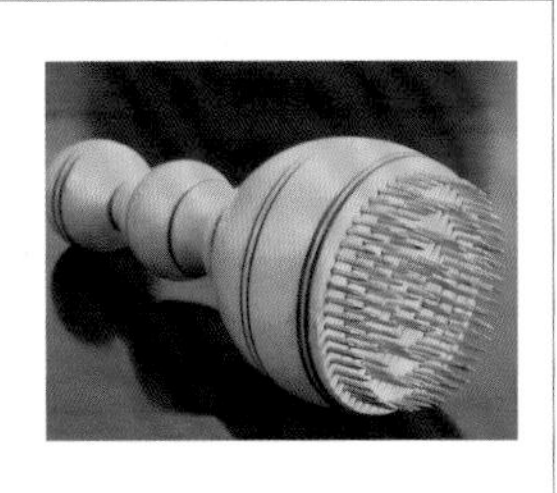

饢餅是新疆人的主食之一，是以發酵麵糰製成的餅；最大的特色是，將擀好的麵皮扣在半球狀的容器上整型，取下麵糰並在內部用圓形的「饢戳子」叉上滿滿的孔洞紋路（饢戳子：木製圓棒子上有數圈的金屬釘子），接著將麵皮放入饢坑中烘烤而成，呈現中間薄、邊緣凸起狀。烤好的饢餅，香氣四溢、酥脆可口，由於質地較乾硬，因此易於保存攜帶，當成乾糧食用。

提醒

★材料中的酵母用量極少，成品屬小發麵性質，口感富於嚼勁，如希望口感稍微柔軟時，可將即溶酵母用量增加1/4小匙。

★**做法5**：如烤盤空間不大，可將麵糰邊緣堆高豎起，以避免麵糰發酵時沾黏，但烘烤受熱後即成平面狀。

★可依個人喜好，分割麵糰數量，如必須分次烘烤時，要根據當時麵糰的發酵情況，適時地將麵糰放在冰箱冷藏，以免過度發酵。

★**做法6**：如無法取得「饢戳子」時，可將三根叉子間以紙巾隔開，再綁上橡皮筋固定來使用。

芝麻蔥花烤餅

利用「即溶酵母」
↓
一次攪拌（揉麵）

發麵內捲著蔥花，並沾滿白芝麻，再用烤箱烤熟；如此單純的製程，沒有失敗的疑慮，但風味不打折，家常麵食易上手喔！

材料　份量：約10個

水 175克
即溶酵母 2.5克（1/2小匙+1/8小匙）
細砂糖 15克
中筋麵粉 300克
沙拉油 10克

蔥花餡
蔥花 45克
鹽 1/2小匙 ┐混合
白胡椒粉 1/2小匙 ┘

稀油酥
中筋麵粉 10克
沙拉油 10克

配料
蛋液 20克
生的白芝麻 20克

做法

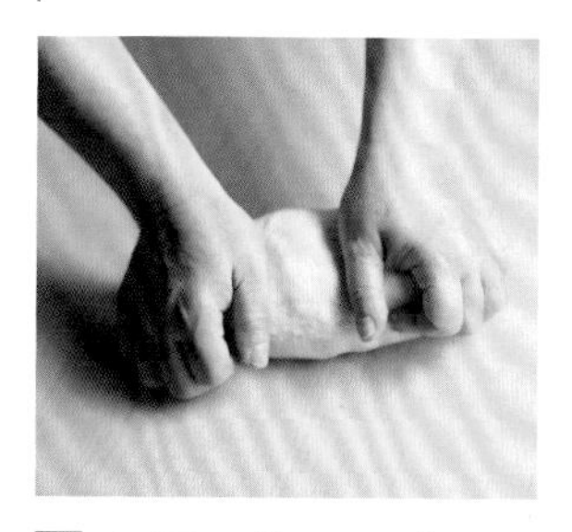

1 **麵糰**：依p.96「一次攪拌（揉麵）」做法，將水、即溶酵母、細砂糖、中筋麵粉及沙拉油混合，搓揉成光滑狀麵糰。

2 **鬆弛**：麵糰上撒些麵粉，蓋上保鮮膜，放在室溫下鬆弛約5分鐘。

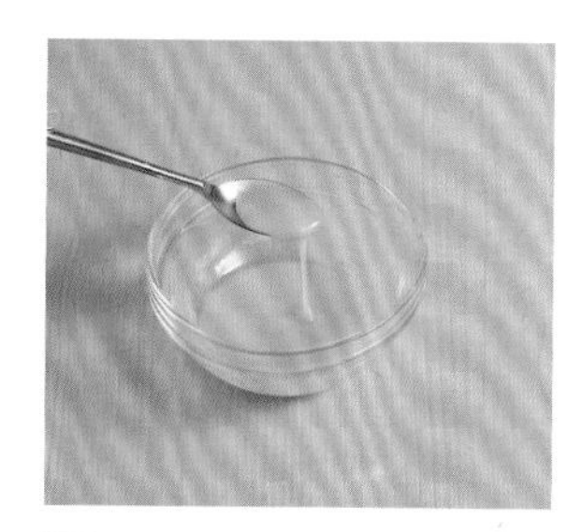

3 **稀油酥**：依p.16「稀油酥」的做法，將中筋麵粉及沙拉油混合備用。

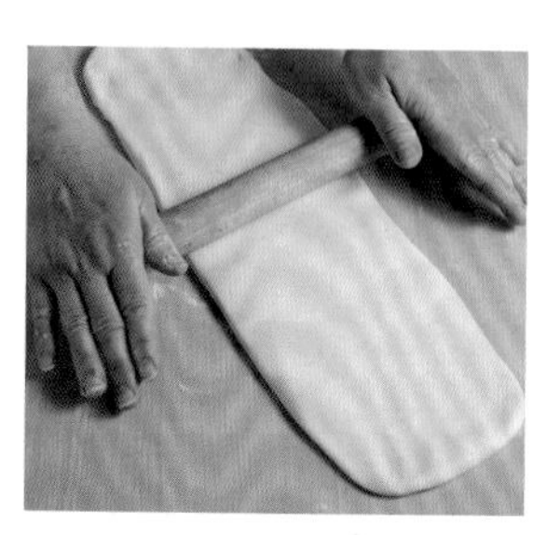

4 **擀麵糰**：將麵糰壓平，再擀成長約50公分、寬約15公分的長方形。

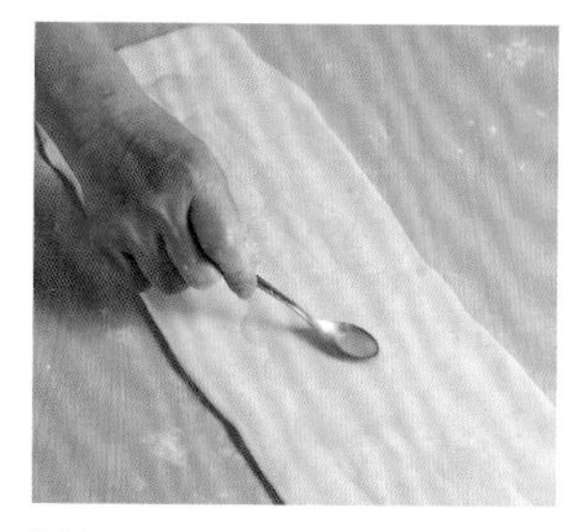

5 將稀油酥均勻地抹在麵皮上，麵皮要反摺黏合的兩端留約1公分。

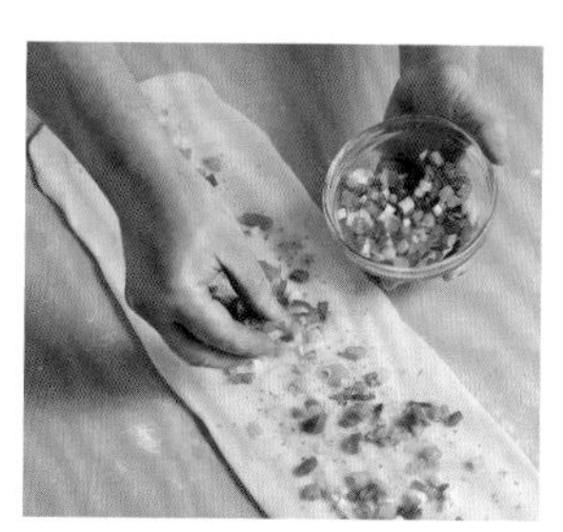

6 **鋪蔥花餡**：將鹽及白胡椒粉混勻，平均地撒在麵皮上，接著鋪上蔥花（要反摺黏合的兩端，留約1公分不要鋪蔥花）。

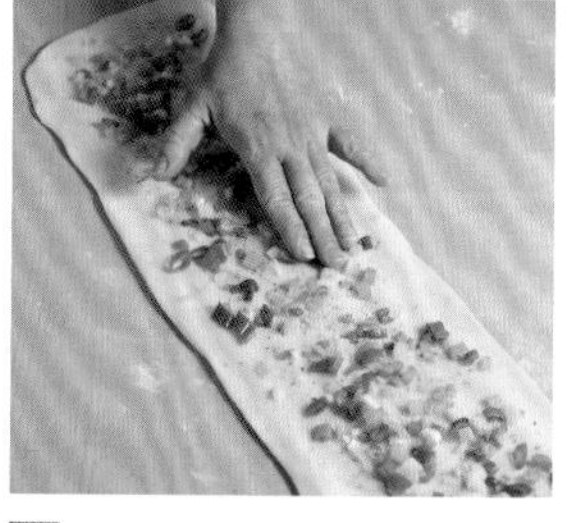

7 用手輕壓蔥花，儘量讓蔥花與麵皮貼合，再利用刮板將麵皮兩端對摺黏合。

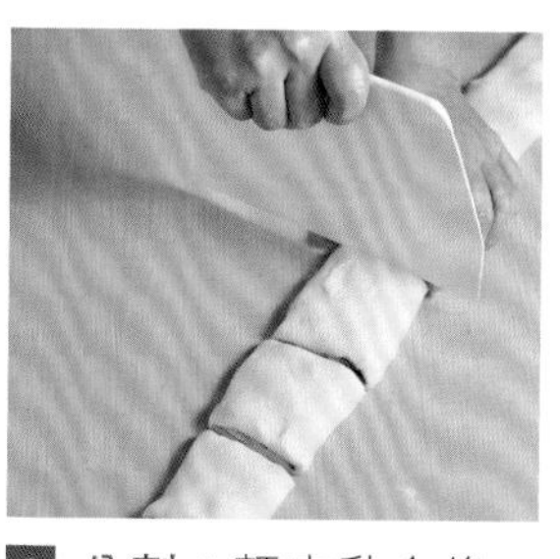

8 **分割**：麵皮黏合後，將封口朝下，稍微整理一下，讓麵糰工整些，再切割成10等分。

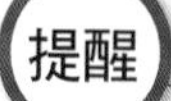

★做法10：最後發酵時間，依當時的環境溫度決定，發酵程度影響成品的軟硬度。

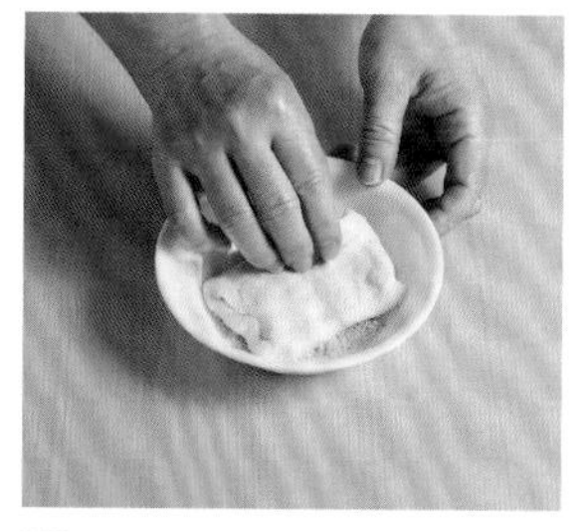

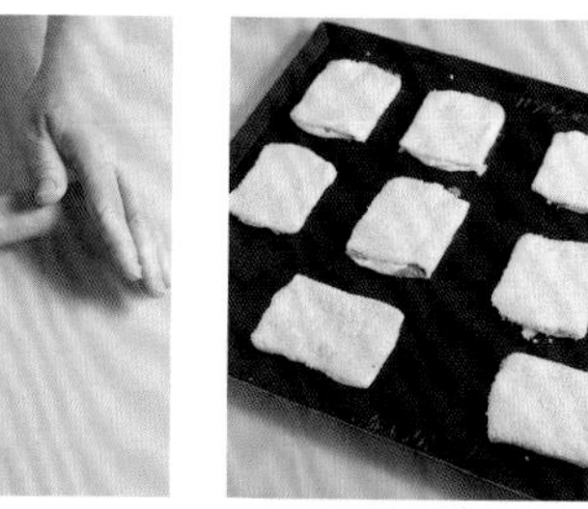

9 將麵糰表面刷上均勻的蛋液，接著沾上生的白芝麻，再輕輕地擀平，讓白芝麻與麵糰確實黏合。

10 **最後發酵**：將麵糰放入烤盤上，在室溫下發酵約30分鐘。

11 **烘烤**：烤箱預熱後，以上火約220℃、下火約190℃烤約18分鐘，成金黃色即可。

紅糖燕麥饅頭

利用「即溶酵母」
↓
一次攪拌（揉麵）

應用各種素材，依其特性，取其香氣或色澤和入麵糰中，製成加味饅頭，
有趣又有成就感；而「紅糖燕麥」所呈現的色、香、味，造就了這款天然又營養的饅頭。

材料 份量：約8個

紅糖燕麥
紅糖 70克（過篩後）
水 70克
即食大燕麥片 70克

麵糰
水 170克
即溶酵母 4.5克（1小匙＋1/8小匙）
中筋麵粉 400克
沙拉油 15克

做法

1 紅糖燕麥：紅糖加水用中小火加熱，煮到紅糖融化且沸騰時即熄火，降溫至微溫時即倒入即食大燕麥片拌勻，放在室溫下靜置至少約10分鐘以上再使用。

2 麵糰：依p.96「一次攪拌（揉麵）」做法，將水、即溶酵母、中筋麵粉及沙拉油混勻，尚未成糰時，即倒入紅糖燕麥，再搓成光滑狀。

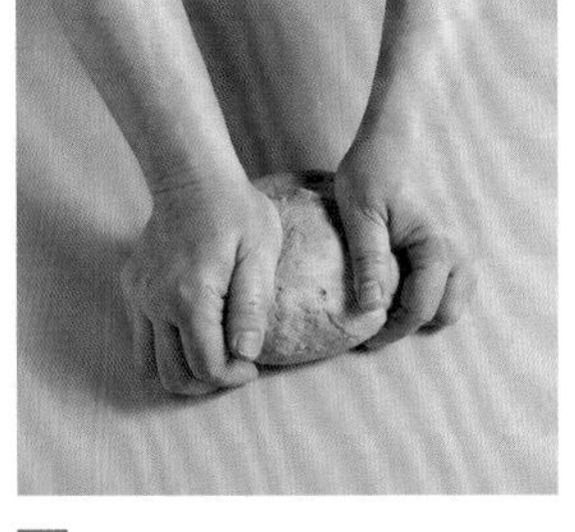

3 鬆弛：麵糰揉勻後，在麵糰上撒些麵粉，蓋上保鮮膜，放在室溫下鬆弛約5分鐘。

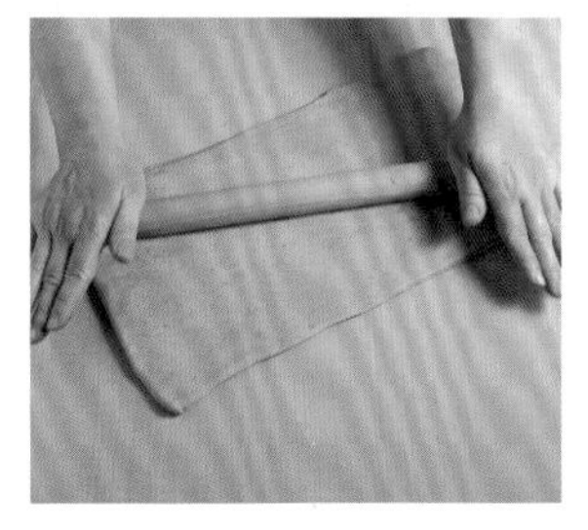

4 刀切法（p.101說明）：將麵糰壓平，再擀成長約40公分、寬約20公分的長方形，將麵糰翻面，將麵糰邊緣壓扁（麵糰捲起後要黏合的一邊）。

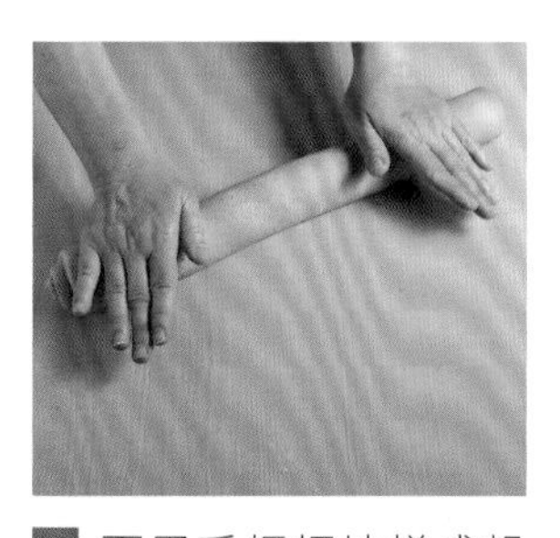

5 將麵糰上多餘的麵粉刷掉，再均勻地刷上清水，再捲成圓柱體，將封口黏緊。

6 再用手輕輕地搓成粗細均等狀。

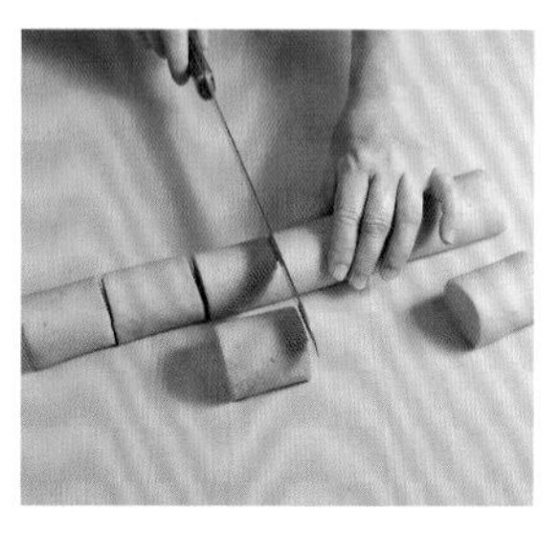

7 分割：將麵糰切成8等分，放在防沾蠟紙上。

8 最後發酵：切好後，將麵糰直接放入蒸籠內，蓋上蒸籠蓋，在室溫下發酵約40~50分鐘。

9 蒸製：麵糰發酵後，將蒸籠放在鍋上，從冷水蒸起，全程約需18~20分鐘。

提醒

★做法細節請看p.104「饅頭總複習」。

★做法8：麵糰內含較多的燕麥片，最後發酵時間較長，而當時發酵環境的溫度，也會影響發酵所需時間。

麻醬小燒餅

利用「麵種＋主麵糰」
↓
二次攪拌（揉麵）

燒餅製品何其多，但無論造形如何，都是飽含濃郁香氣；而重口味的麻醬餡，
製成小巧的燒餅，單吃很過癮，但夾上香噴噴的醬肘子及各式生菜，
更足以媲美西方漢堡了。

材料　份量：約16個

麵種
水 60克
即溶酵母 0.5克（1/8小匙）
中筋麵粉 100克

主麵糰
水 100克
細砂糖 10克
中筋麵粉 170克
沙拉油 10克

麻醬餡
白芝麻醬 100克
花椒粉 1小匙
五香粉 1/2小匙
鹽 1小匙

配料
醬油 1小匙
生的白芝麻 30克

做法

1 **麵種**：依p.98「麵種」的做法，將水、即溶酵母及中筋麵粉混合，用筷子用力攪勻即可，蓋上保鮮膜，發酵約4~5小時。

2 **麻醬餡**：將白芝麻醬、花椒粉、五香粉及鹽放在一起，用湯匙用力攪勻備用。

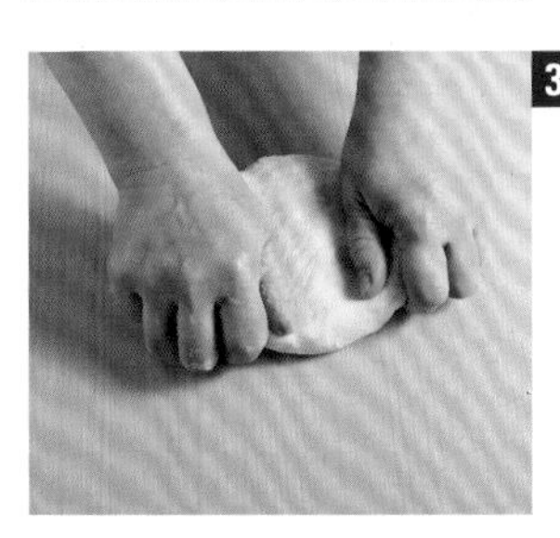

3 **麵種＋主麵糰**：依p.99「二次攪拌（揉麵）」的做法，將麵種與主麵糰的所有材料混合，搓揉成光滑狀麵糰。

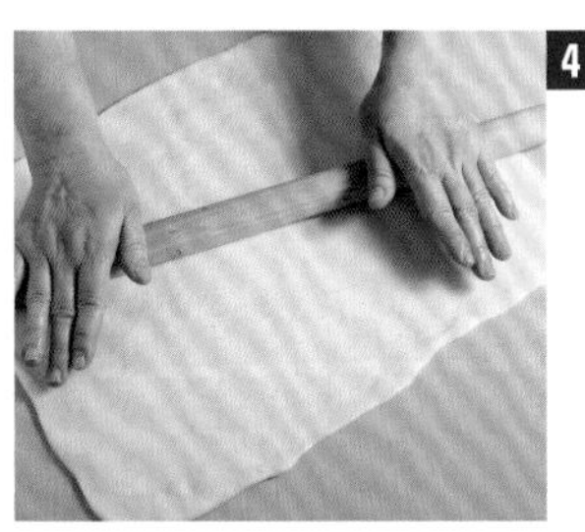

4 **鬆弛、擀麵糰**：將麵糰抹點油，放在室溫下鬆弛約10分鐘；將麵糰壓平，再擀成長約40公分、寬約32公分的長方形。

5 **抹麻醬餡**：依p.20「大包酥」的做法，將麻醬餡全部倒在麵皮上抹勻（上下留些空白不要抹）。

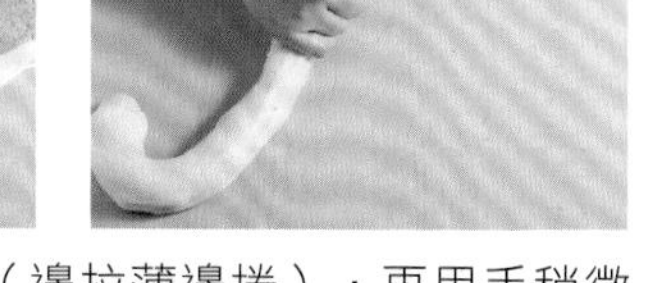

6 將麵皮捲成長條狀（邊拉薄邊捲），再用手稍微搓勻，並擠出空氣，麵糰長約50公分。

7 **分割**：用手將麵糰揪成16等分，再將麵糰兩端切口黏合整成圓形，並將底部黏緊，在室溫下鬆弛約10分鐘。

8 **整形、最後發酵**：將麵糰壓平，表面刷上薄薄一層醬油，再沾上生的白芝麻，並輕輕地壓平，使芝麻粒與麵糰確實黏合；蓋上保鮮膜，發酵約15分鐘。

9 **油烙**：平底鍋稍微加熱，倒入約1大匙的沙拉油，放入麵糰（芝麻面朝下），以中小火將兩面烙成金黃色即可。

提醒

★麻醬餡必須使用白芝麻醬，不要用黑芝麻醬，以免味道過於苦澀；秤重時，其中的油分不要刻意瀝乾，可取少量連同白芝麻醬一起秤，質地才會油潤。

★做法5~7：是大包酥做法，請看p.20「大包酥」。

★做法6：捲麵皮時，必須將麵皮輕輕地拉薄，可讓成品呈現多層次效果。

★做法8：麵糰表面抹醬油，有助於烘烤上色效果及增添些許風味。

◎**也可烘烤**：烤箱預熱後，放入麵糰（芝麻面朝下），以上、下火約220℃烤約15分鐘，翻面後再繼續烤約10分鐘，兩面成金黃色即可。

胡椒餅

利用「即溶酵母」
↓
一次攪拌（揉麵）

辛香中的微辣滋味，是胡椒餅的口感特色，一口咬下的爆發香氣，
是這款庶民小吃的魅力所在；最重要的大把蔥花，絕不可省。

材料　約10個

水 150克
即溶酵母 1克（1/4小匙）
細砂糖 10克
中筋麵粉 250克
沙拉油 10克

胡椒肉餡

豬絞肉 250克
鹽 1/2小匙+1/4小匙
醬油 2大匙
白麻油 1大匙
五香粉 1/2小匙
黑胡椒粉 2小匙
白胡椒粉 1/2小匙
蔥花 100克

軟油酥

中筋麵粉 100克
沙拉油 50克

配料

蛋液 20克
生的白芝麻 25克

提醒

★**做法6**：麵糰直接用手壓平再對摺，不需用擀麵棍，可避免麵糰乾硬不易包餡。

★**做法8**：利用肉餡將蔥花黏起，蔥花的量可儘量多些；包餡時，一手將麵糰收口黏合，另一手的拇指邊將蔥花壓入肉餡內，即可順利包好。

做法

1 **胡椒肉餡**：豬絞肉加鹽及醬油，用筷子攪成黏稠狀，再加入白麻油、五香粉、黑胡椒粉及白胡椒粉攪勻，冷藏備用。

2 **麵糰、鬆弛**：依p.96「一次攪拌（揉麵）」做法，將水、即溶酵母、細砂糖、中筋麵粉及沙拉油混合，搓揉成光滑狀麵糰，撒上麵粉，放在室溫下鬆弛約10分鐘。

3 **軟油酥**：依p.17「軟油酥(一)」的做法，將中筋麵粉及沙拉油混合攪勻備用。

4 **麵糰＋油酥**：依p.22「小包酥」的做法，將做法2的麵糰及做法3的軟油酥各均分成10等分，將軟油酥包入麵糰內。

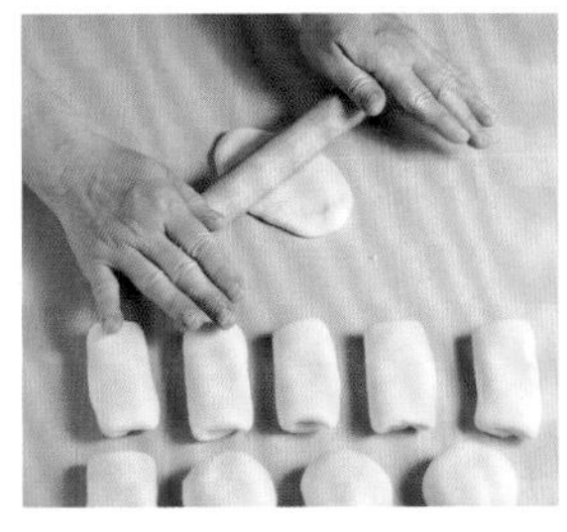

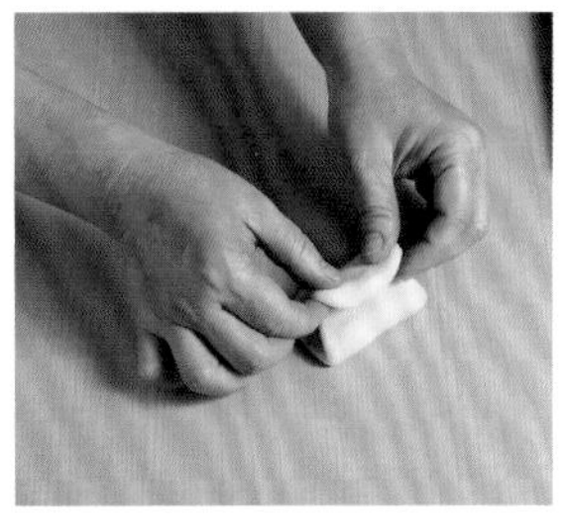

5 案板上抹些油，將麵糰壓平，再擀成橢圓形，長度約12公分，翻面後將上、下兩側向內對摺，成長方形，再鬆弛約10分鐘。

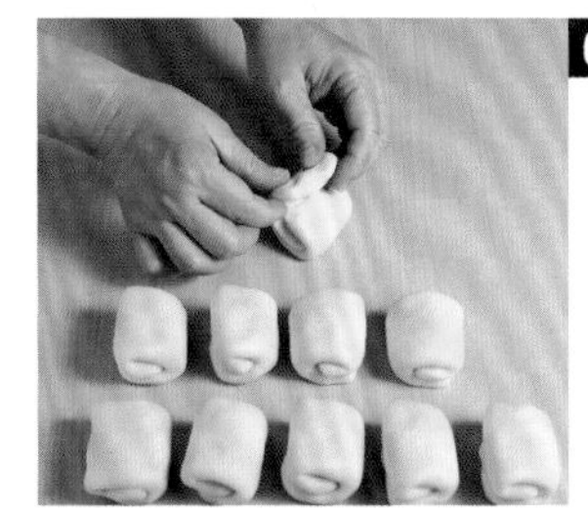

6 將麵糰封口朝上，用手將麵糰壓長，長度約10公分，直接將上、下兩側向內對摺，再鬆弛約10分鐘。

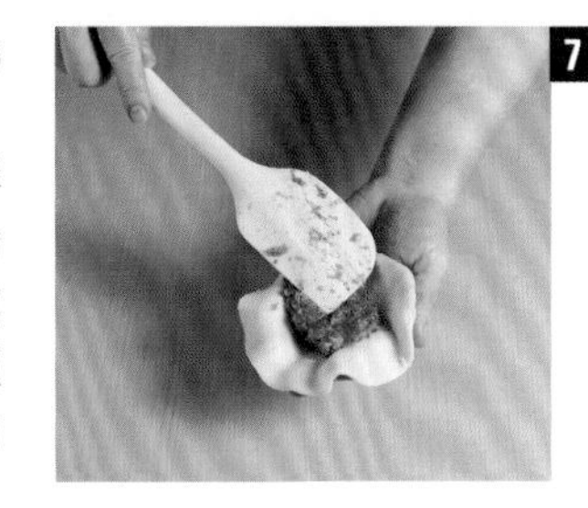

7 **包餡**：將麵糰稍微捏圓，再擀成中間厚、周圍薄的圓片狀（直徑約12公分），包入約30克的胡椒肉餡。

8 再將麵糰反扣在蔥花上，黏起蔥花約10克的量。

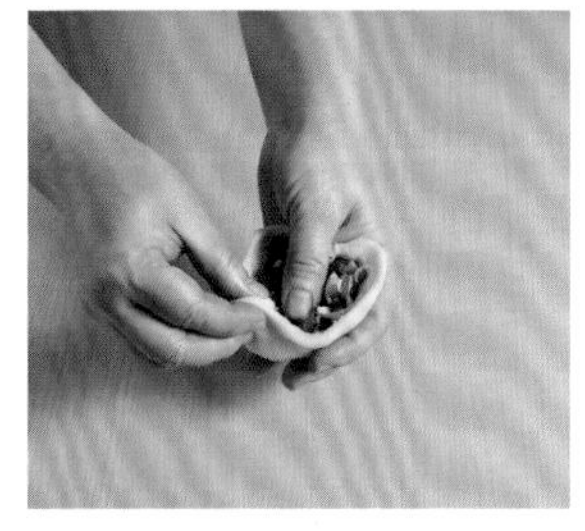

9 包入餡料將麵糰封口確實黏緊，接著刷上均勻的蛋液，並沾上生的白芝麻。

10 **最後發酵**：將麵糰放入烤盤上，在室溫下發酵約5~10分鐘。

11 **烘烤**：烤箱預熱後，以上火約230℃、下火約180℃烤約25分鐘，成金黃色即可。

奶黃包

利用「即溶酵母」
↓
一次攪拌（揉麵）

以身邊極易取得的素材，調成「奶黃餡」，與綿軟包子皮搭配，吃得順口又安心，
因此免了額外「加料」，也不用強調「爆漿」效果。

材料　份量：約10個

水 140克
即溶酵母 2克（1/2小匙）
細砂糖 10克
中筋麵粉 250克
奶粉 15克
沙拉油 10克

奶黃餡
全蛋 60克
細砂糖 70克
中筋麵粉 20克
牛奶 70克
無鹽奶油（隔水融化） 20克
熟的鹹蛋黃（壓成泥狀） 2個

做法

1 奶黃餡：全蛋加細砂糖用攪拌器攪散，再篩入中筋麵粉拌勻，接著倒入牛奶及融化的奶油，將所有材料確實攪勻。

2 將做法1的奶黃液過篩，再倒入淺盤中，放入蒸籠內，蒸鍋內的水煮滾後，放上蒸籠，用中大火加熱。

3 蒸約5分鐘後（周圍呈凝固狀態），再用叉子攪勻，繼續蒸約5~7分鐘，呈現固態狀即可。

4 奶黃餡蒸好後，趁熱攪散，接著加入鹹蛋黃攪勻，冷卻後均分成10等分，冷藏備用。

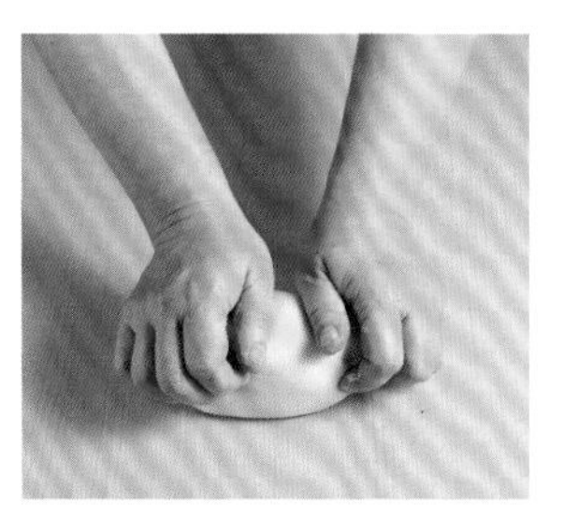

5 麵糰：依p.96「一次攪拌（揉麵）」的做法，將水、即溶酵母、細砂糖、中筋麵粉、奶粉及沙拉油混合，搓揉成光滑狀麵糰。

6 鬆弛：麵糰上撒些麵粉，蓋上保鮮膜，放在室溫下鬆弛約5分鐘。

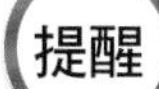

提醒

★做法3：必須適時地將半凝固的奶黃液攪散，有助於均勻受熱。

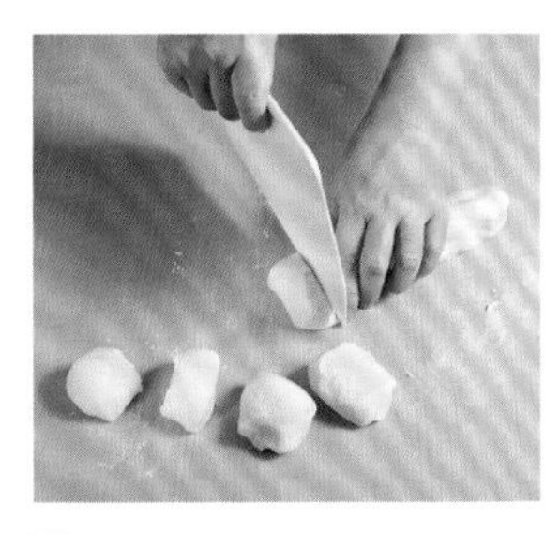

7 分割：將麵糰搓長，再分割成10等分，沾點麵粉搓揉均勻，並將氣泡壓出，整成圓形後，將封口黏緊，再鬆弛約5分鐘。

8 擀皮：將麵糰全部壓平後，再擀成中間厚、周圍薄的圓片狀（直徑約8~9公分）。

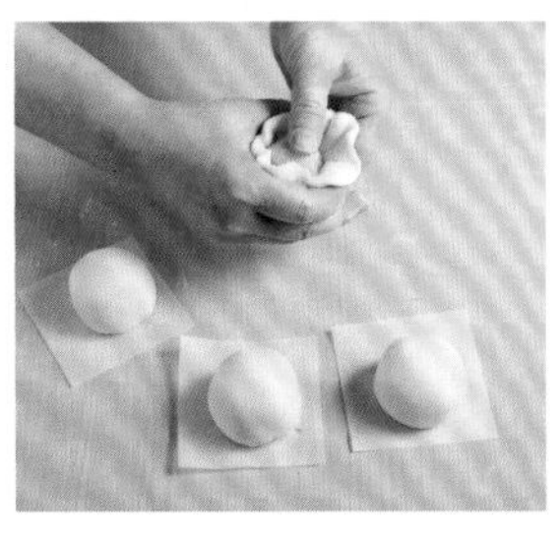

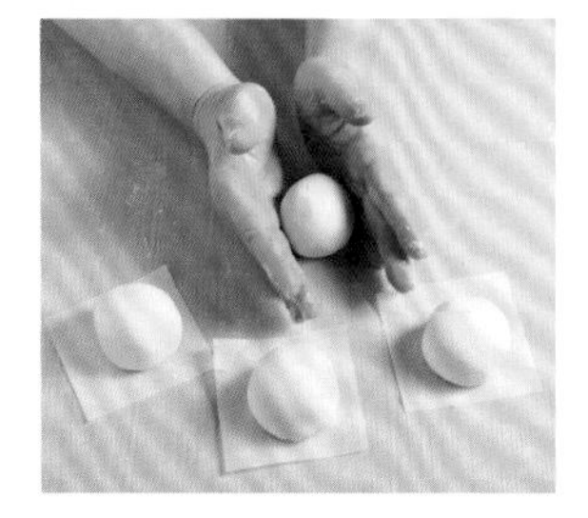

9 包餡：將奶黃餡包入麵糰內，用虎口收口並黏緊，並用雙手將麵糰搓圓，放在防沾蠟紙上，直接放入蒸籠內。

10 最後發酵：蓋上蒸籠蓋，發酵約15~20分鐘。

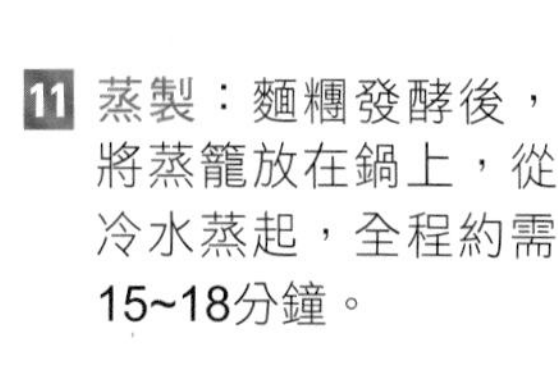

11 蒸製：麵糰發酵後，將蒸籠放在鍋上，從冷水蒸起，全程約需15~18分鐘。

香Q軟餅

全燙麵＋發酵麵糰
↓
一次攪拌（揉麵）

「全燙麵」造就這款餅的Q軟特色，淡淡的麵香中帶有微鹹及胡椒味，當成主食非常討好。

材料　份量：2張

麵糰（全燙麵）
中筋麵粉 75克
滾水 65克

發酵麵糰
水 110克
即溶酵母 1.5克（1/4＋1/8小匙）
細砂糖 15克
中筋麵粉 200克
沙拉油 15克

調味
沙拉油 約1大匙
鹽 1/2小匙（混合）
白胡椒粉 1/2小匙（混合）

做法

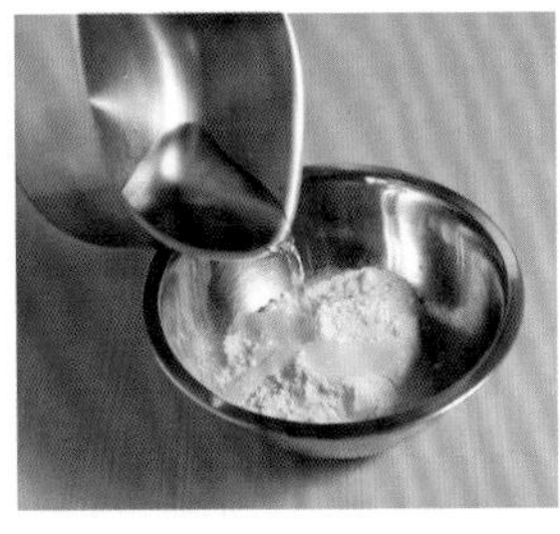

1 **全燙麵**：依p.37「全燙麵」的做法，將滾水倒入中筋麵粉內，用筷子用力攪成糰，蓋上保鮮膜，冷卻備用。

2 **全燙麵＋發酵麵糰**：依p.96「一次攪拌（揉麵）」的做法，將水、即溶酵母、細砂糖、中筋麵粉及沙拉油，用筷子稍微混合（尚未成糰），接著將做法1的麵糰放入，一起搓揉成光滑狀麵糰。

3 **鬆弛**：麵糰上抹些油，蓋上保鮮膜，放在室溫下鬆弛約15分鐘。

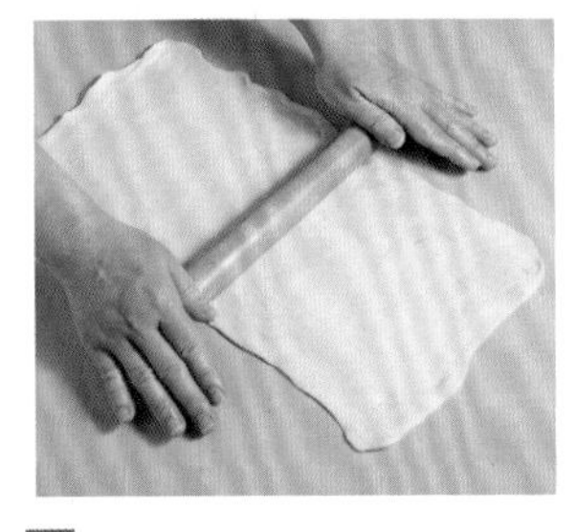

4 **分割、擀麵糰**：將麵糰均分成2等分，整成圓形後，將麵糰壓平，再擀成長約40公分、寬約20公分的長方形。

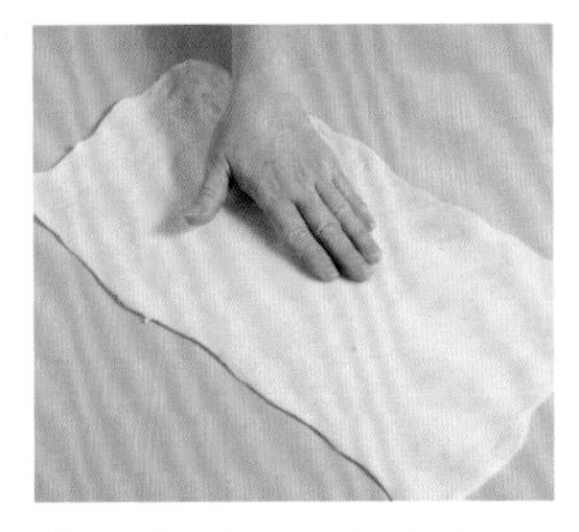

5 在麵皮上均勻地抹上沙拉油，再撒上鹽及白胡椒粉（撒一半的量）。

6 **整形**（p.13「摺方塊」）：利用刮板將麵皮鏟起向內摺（約摺5次），成為長方形，再將麵糰擀平。

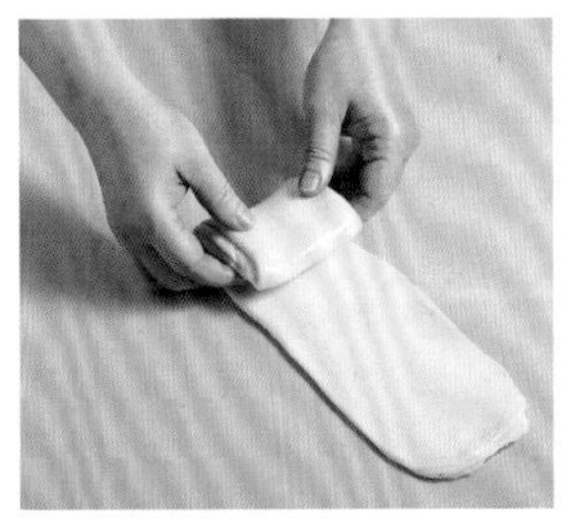

7 在麵皮上均勻地抹上沙拉油，再摺成正方形，放在室溫下鬆弛約15分鐘。

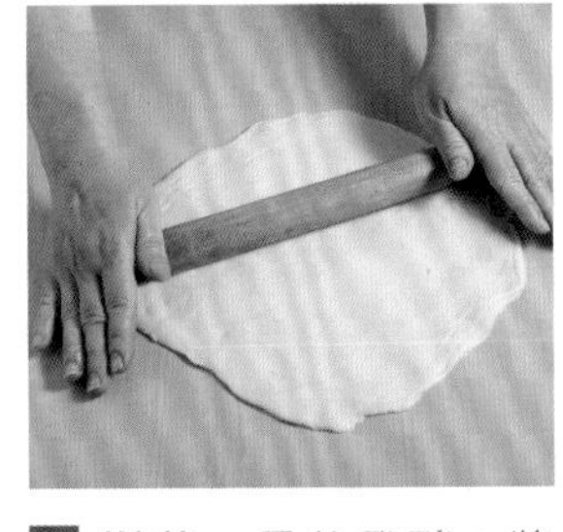

8 **擀薄、最後發酵**：將麵糰壓平，再擀成厚約0.5公分的片狀，擀好後，在室溫下發酵約15~20分鐘。

9 **油煎**：平底鍋稍微加熱，倒入約1大匙的沙拉油，放入麵糰以小火加熱，約3~5分鐘後底部如已定型即可翻面，煎至兩面成金黃色即可。

提醒

★**做法2**：兩種麵糰混合搓揉時，分成數小塊再搓揉，可快速揉勻（請看p.7「麵糰怎麼揉？」）。

★**做法5、7**：如抹上較多的沙拉油或是p.16的稀油酥，煎好的成品即有層次效果，可夾上生菜及甜麵醬一起食用。

培根黑胡椒饅頭

利用「即溶酵母」
↓
一次攪拌（揉麵）

煸炒後的培根，已去掉多餘的油脂，當成饅頭的配料，香氣十足，另有黑胡椒及鹽的調味效果，成為辛香開胃的鹹饅頭。

材料 份量：約12個

水 215克
即溶酵母 4克（1小匙）
細砂糖 10克
中筋麵粉 400克
沙拉油 10克

配料
培根 5片（約100克）
鹽 1/2小匙＋1/4小匙
黑胡椒粉 1又1/2小匙 ┐混合
洋香菜葉 1又1/2小匙 ┘

做法

1 配料：培根切成寬約0.5公分的條狀，炒鍋加熱後（鍋內不放油），將培根炒香、炒乾，瀝掉多餘的油，盛出放在廚房紙巾上備用。

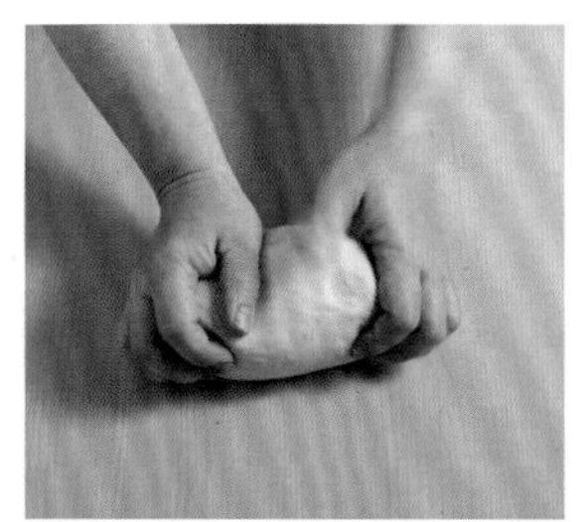

2 麵糰：依p.96「一次攪拌（揉麵）」的做法，將水、即溶酵母、細砂糖、中筋麵粉及沙拉油混合搓勻，再加入黑胡椒粉及洋香菜葉，揉成光滑狀麵糰。

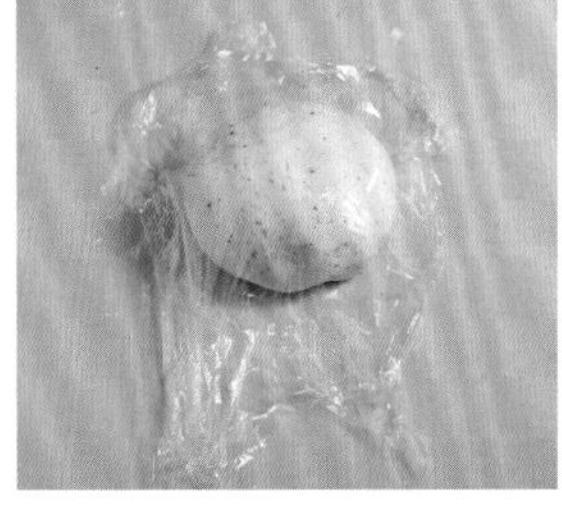

3 鬆弛：麵糰上撒些麵粉，蓋上保鮮膜，放在室溫下鬆弛約5分鐘。

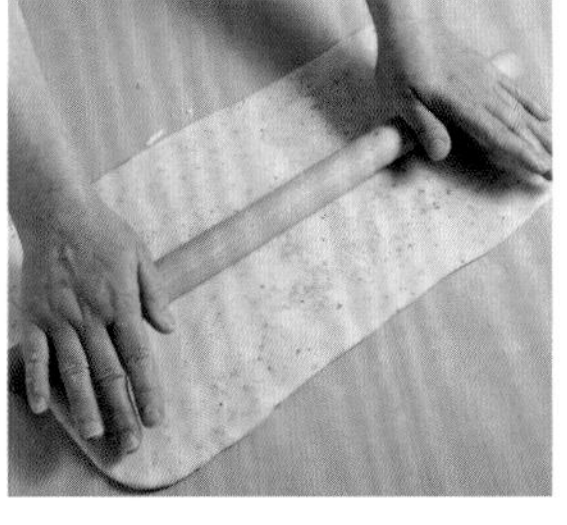

4 刀切法（p.101說明）：將麵糰壓平，再擀成長約40公分、寬約25公分的長方形，翻面後將麵糰上多餘的粉刷掉，再均勻地撒上鹽並鋪上培根，並用手輕輕地壓平。

5 將麵糰邊緣壓扁，再均勻地刷上清水（有助於麵糰黏合）。

6 將麵糰捲成圓柱體，再用手輕輕地搓成粗細均等狀。

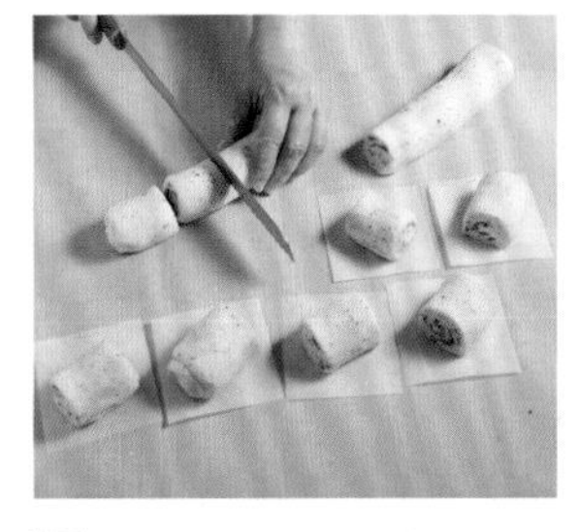

7 分割、最後發酵：將麵糰切成12等分，放在防沾蠟紙上，直接放入蒸籠內，蓋上蒸籠蓋，發酵約15~20分鐘。

8 蒸製：麵糰發酵後，將蒸籠放在鍋上，從冷水蒸起，全程約需18~20分鐘。

提醒

★做法細節請看p.104「饅頭總複習」。

★做法1：培根煸炒後，儘量將多餘的油脂瀝乾，並用廚房紙巾再吸乾，較能與麵糰確實黏合；煸炒後，如仍有鹹味，則依個人口味，增減鹽的用量。

起士鮮奶饅頭

利用「即溶酵母」
↓
一次攪拌（揉麵）

基本的刀切饅頭，夾著片狀起士，好做、好看又好吃；而受熱融化的起士，流洩而下，正是最誘人之處。

材料 份量：約12個

鮮奶 225克
即溶酵母 4克（1小匙）
細砂糖 20克
中筋麵粉 400克
沙拉油 5克
切達起士片（chaddar cheese） 5片

做法

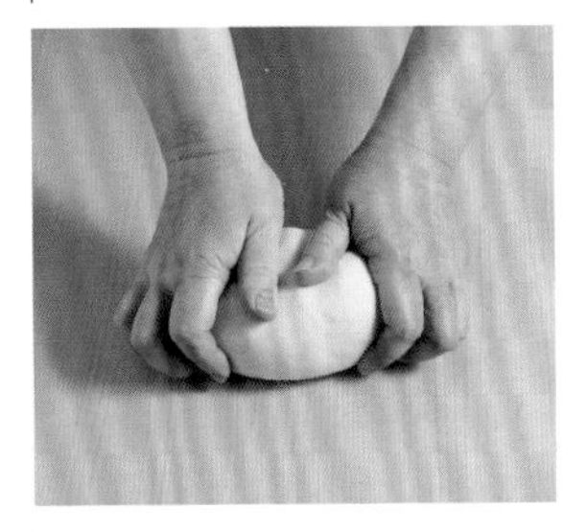

1 麵糰：依p.96「一次攪拌（揉麵）」的做法，將鮮奶、即溶酵母、細砂糖、中筋麵粉及沙拉油混合，搓揉成光滑狀麵糰。

2 鬆弛：麵糰上撒些麵粉，蓋上保鮮膜，放在室溫下鬆弛約5分鐘。

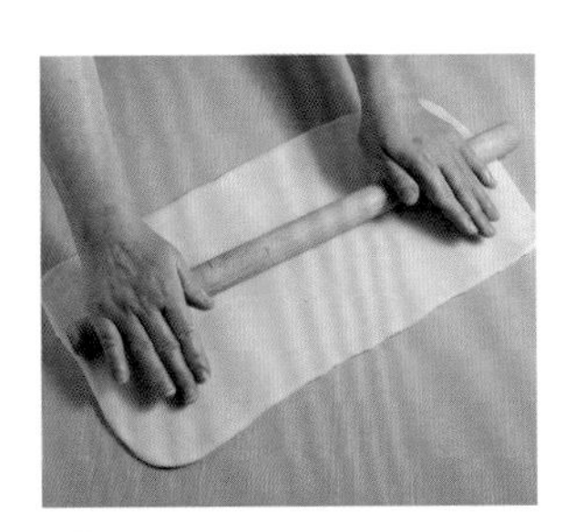

3 刀切法（p.101說明）：將麵糰壓平，再擀成長約42公分、寬約25公分的長方形。

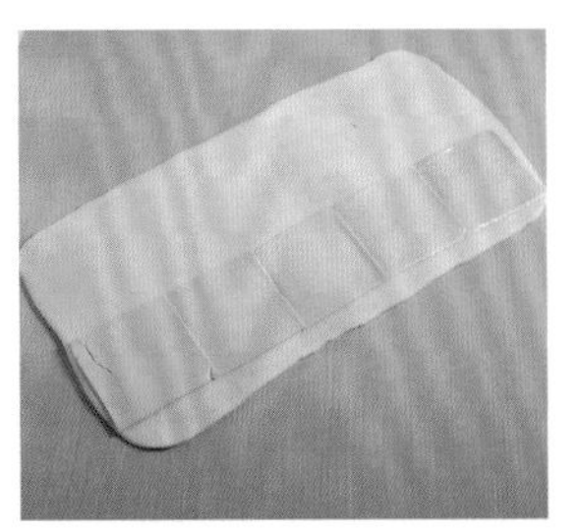

4 翻面後將麵糰上多餘的麵粉刷掉，再將切達起士片鋪排在麵糰上，注意麵糰擀長的尺寸儘量配合起士片的總長。

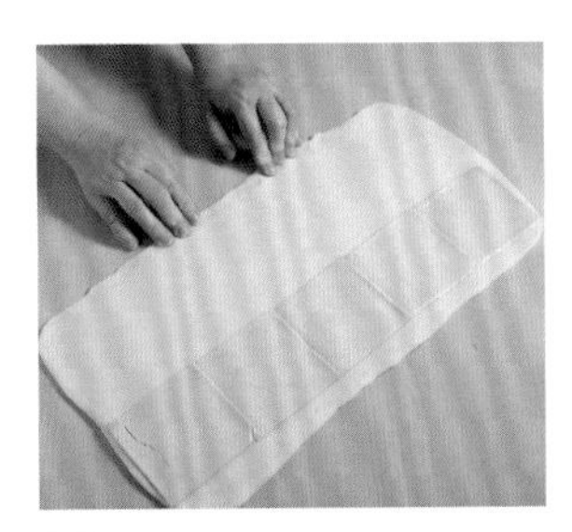

5 將麵糰邊緣壓扁，再均勻地刷上清水（有助於麵糰黏合）。

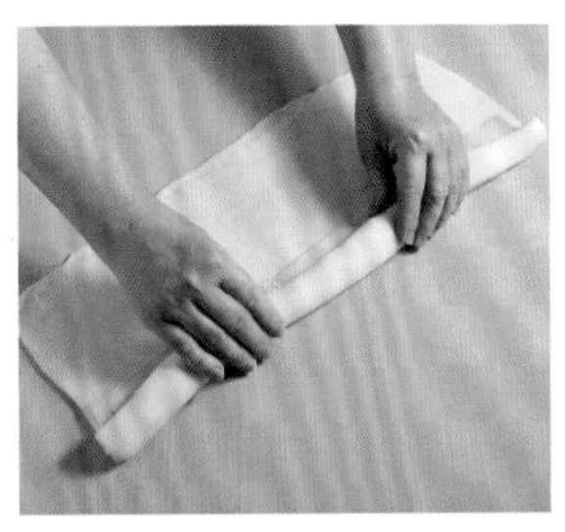

6 將麵糰捲成圓柱體，將封口黏緊，再用手輕輕地搓成粗細均等狀。

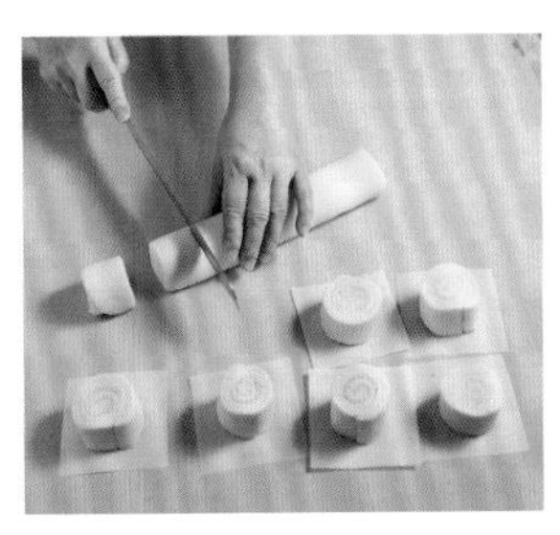

7 分割：將麵糰切成12等分，切口朝上，放在防沾蠟紙上。

8 最後發酵：將麵糰直接放入蒸籠內，蓋上蒸籠蓋，發酵約15~20分鐘。

9 蒸製：麵糰發酵後，將蒸籠放在鍋上，從冷水蒸起，全程約需16~18分鐘。

★做法細節請看p.104「饅頭總複習」。

★麵糰內的起士片經過蒸製後，會融化溢出，是正常現象。

千層軟糕

利用「即溶酵母」
↓
一次攪拌（揉麵）

一層一層的薄麵皮，帶有奶香、甜味及乾果的微酸滋味；多點耐心，又擀又摺，而層與層之間的抹油及撒糖動作，絕不可忽略，才能顯現層次分明的效果。

材料　份量：1個

鮮奶 240克
即溶酵母 2克（1/2小匙）
細砂糖 30克
中筋麵粉 400克
沙拉油 15克

夾心餡
葡萄乾 35克
蔓越莓乾 35克
無鹽奶油 20克
細砂糖 3小匙

裝飾
椰子粉 5克

做法

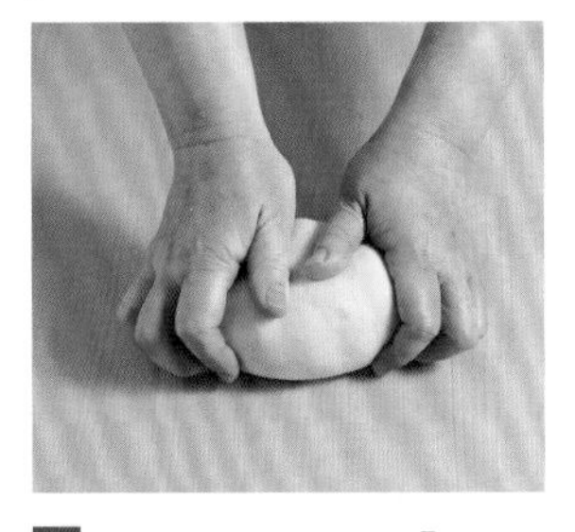

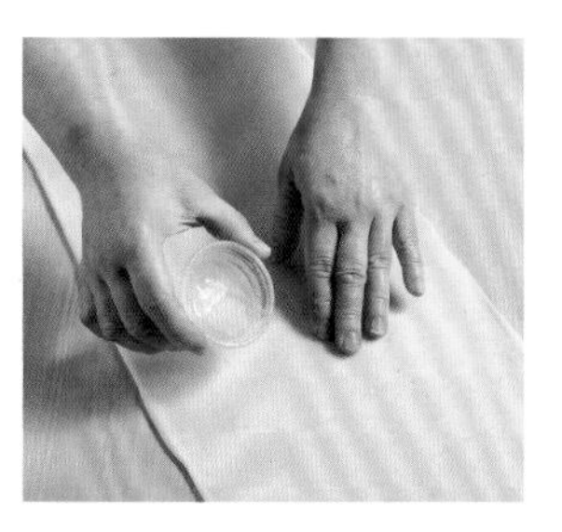

1 麵糰：依p.96「一次攪拌（揉麵）」的做法，將鮮奶、即溶酵母、細砂糖、中筋麵粉及沙拉油混合，搓揉成光滑狀麵糰。

2 鬆弛：麵糰上撒些麵粉，蓋上保鮮膜，放在室溫下鬆弛約5分鐘。

3 夾心餡：葡萄乾及蔓越莓乾切成細絲，再混合均勻；無鹽奶油隔水融化（或微波）成液體備用。

4 擀麵糰：將麵糰壓平，再擀成長約55公分、寬約22公分的長方形，再抹上均勻的無鹽奶油。

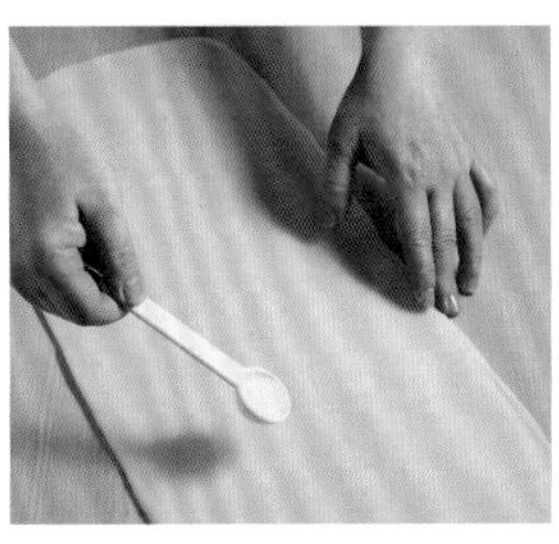

5 鋪餡料：接著均勻地撒上1小匙的細砂糖，再將葡萄乾及蔓越莓乾約1/2份量，鋪在麵皮約2/3的面積，並用手輕輕地壓入麵糰內。

6 先將未鋪餡料的一端反摺，再將另一端麵皮反摺，並用手將麵糰壓平，再擀成如做法4的長方形大小，接著抹上均勻的無鹽奶油，並重複做法5的動作。

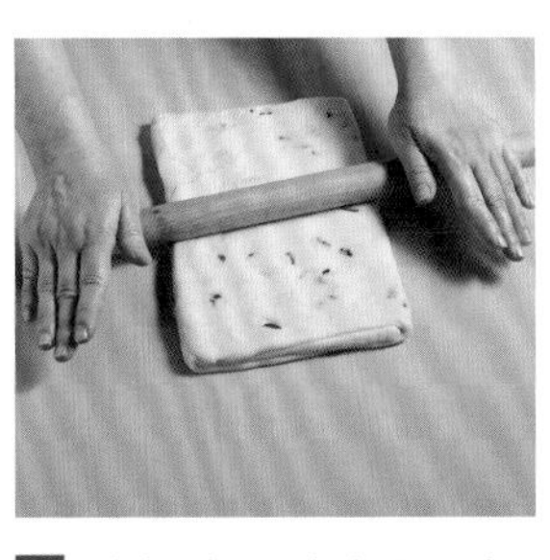

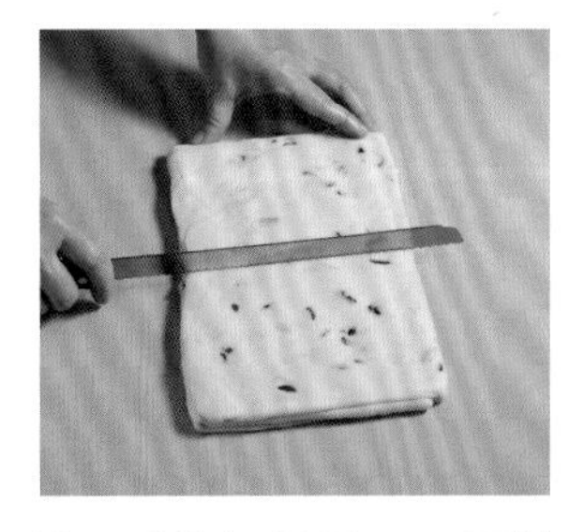

7 將麵皮兩端向內反摺，並用手將麵糰壓平，再擀成厚約1.5公分的長方形，再切割成2等分。

8 將一塊麵糰表面抹上均勻的無鹽奶油，並撒上1小匙的細砂糖，再蓋上另一塊麵糰，最後在表面均勻地撒上椰子粉，並用擀麵棍擀平。

9 最後發酵：將麵糰放在防沾蠟紙上，並直接放入蒸籠內，蓋上蒸籠蓋，發酵約40~50分鐘。

10 蒸製：麵糰發酵後，將蒸籠放在鍋上，從冷水蒸起，全程約需25~28分鐘，蒸好後待冷卻再切成小塊食用。

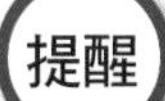

★整形時，麵皮必須抹上均勻的無鹽奶油，才能呈現層次效果。

★做法4~7：抹無鹽奶油、撒細砂糖、鋪葡萄乾及蔓越莓乾，再反摺擀開，是做2次同樣動作。

核桃起士烙餅

全燙麵＋發酵麵糰
↓
一次攪拌（揉麵）

麥香及奶香融為一體的烙餅，得力於全麥麵粉、起士及核桃；尤其是受熱融化後的切達起士，黏稠地裹著酥香核桃，口感特別好。

材料　份量：6個

麵糰（全燙麵）
中筋麵粉 75克
滾水 65克

發酵麵糰
水 125克
即溶酵母 2克（1/2小匙）
細砂糖 30克
中筋麵粉 150克
全麥麵粉 80克
沙拉油 15克

起士核桃餡
烤熟的碎核桃 80克
切達起士片 2片
細砂糖 25克

做法

1 全燙麵：依p.37「全燙麵」的做法，將滾水倒入中筋麵粉內，用筷子用力攪成糰，蓋上保鮮膜，冷卻備用。

2 起士核桃餡：先將碎核桃用上、下火約150℃烤約10分鐘，冷卻備用；起士片用手撕成約1公分的片狀，再與細砂糖及碎核桃混合攪勻備用。

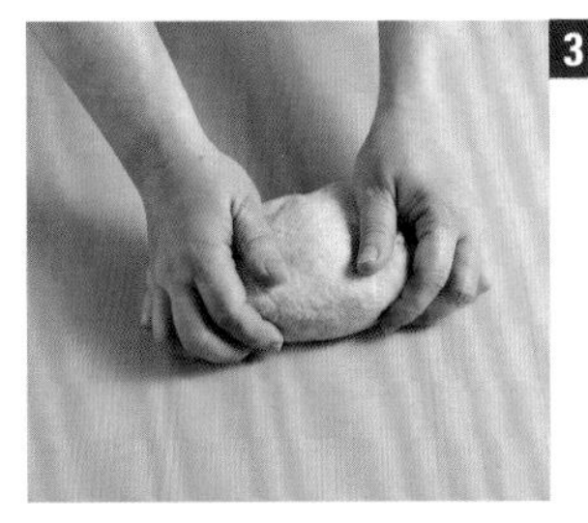

3 全燙麵＋發酵麵糰：依p.96「一次攪拌（揉麵）」的做法，將水、即溶酵母、細砂糖、中筋麵粉、全麥麵粉及沙拉油用筷子稍微混合（尚未成糰），再將做法1的麵糰放入一起搓揉成光滑狀麵糰。

4 鬆弛：麵糰上撒些麵粉，蓋上保鮮膜，放在室溫下鬆弛約10分鐘。

★做法2：切達起士片可依個人喜好，選用各式口味來製作。

★做法7：請看p.19「餡料的份量掌控」，包餡時可用手將鬆散餡料向內壓，即可輕易地用虎口黏合。

★做法9：儘量用小火加熱，要確實將麵皮烙熟，當麵皮內充滿空氣，邊緣膨脹即可。

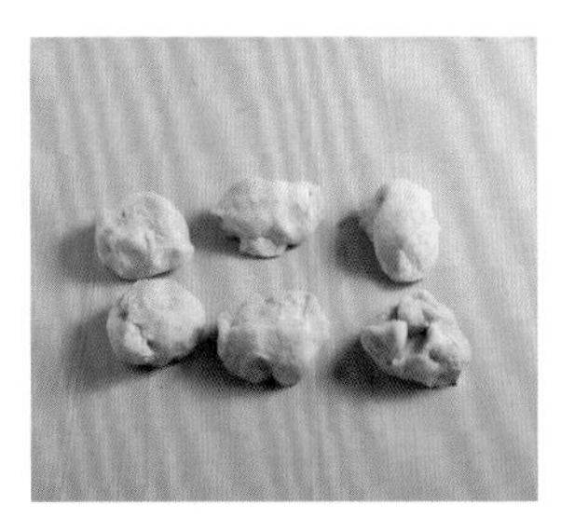

5 分割、鬆弛：案板上撒些麵粉，將麵糰搓長，再分割成6等分，整成圓形後，在室溫下鬆弛約5分鐘。

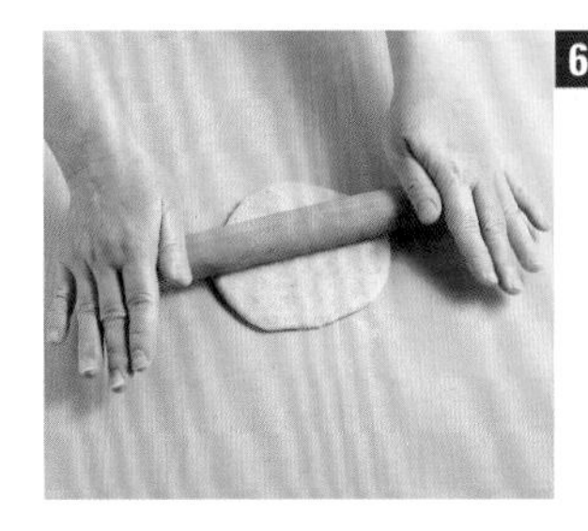

6 擀麵糰：將麵糰壓平，再擀成直徑約12公分的圓片（中間厚、周圍薄）。

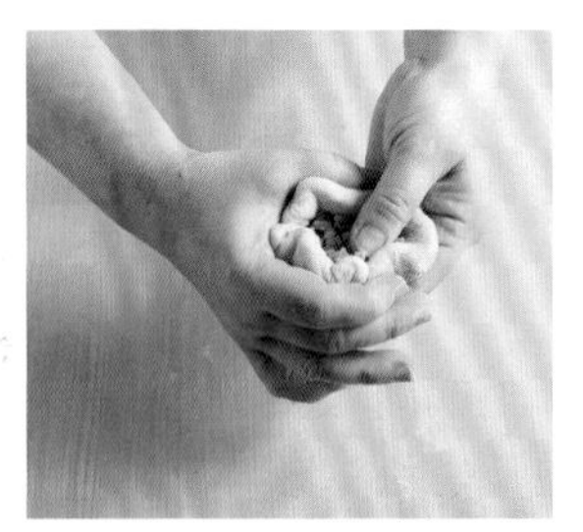

7 包餡：包入起士核桃餡，以虎口黏合，在室溫下鬆弛約10分鐘。

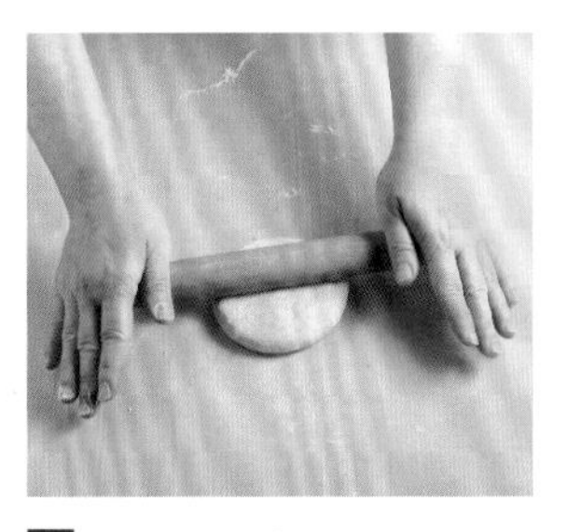

8 最後發酵：將麵糰壓平，再擀成直徑約10公分的圓形，在室溫下發酵約20~25分鐘。

9 乾烙：平底鍋稍微加熱，放入麵糰以小火加熱，約3~5分鐘後底部如已定型即可翻面，烙至兩面成金黃色即可。

櫻花蝦蔥蛋烙餅

利用「即溶酵母」
↓
一次攪拌（揉麵）

炒好的「櫻花蝦蔥蛋」即是一道下飯的料理，若當成烙餅的餡料，
同樣合情合理，但其中的美味關鍵，就是櫻花蝦一定要炒香、炒酥喔！

材料 份量：6個

水 150克
即溶酵母 2克（1/2小匙）
細砂糖 15克
中筋麵粉 250克
沙拉油 10克
黑胡椒粉 1/2小匙

櫻花蝦蔥蛋餡
櫻花蝦 10克
沙拉油 3大匙
蔥白 50克
雞蛋 4個
蔥青 50克
鹽 1/2小匙+1/4小匙
黑胡椒粉 1/2小匙

做法

1 **櫻花蝦蔥蛋餡**：櫻花蝦洗乾淨瀝乾水分，炒鍋中倒入沙拉油，將櫻花蝦炒成酥脆狀，再倒入蔥白炒香，盛出全部材料，將油瀝乾（餘油留在鍋內）。

2 將雞蛋打散倒入鍋內，利用餘油將蛋炒熟，炒散即熄火，再倒入蔥青拌炒。

3 最後倒入做法1的全部材料，並加入鹽及黑胡椒粉調味，盛出放涼備用。

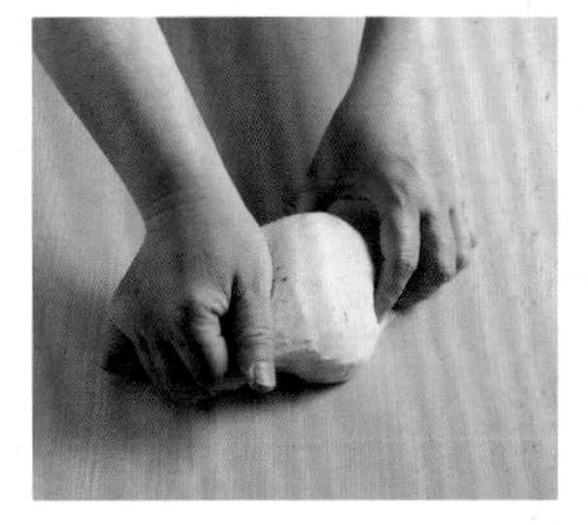

4 **麵糰**：依p.96「一次攪拌（揉麵）」的做法，將水、即溶酵母、細砂糖、中筋麵粉、沙拉油及黑胡椒粉混合，搓揉成光滑狀麵糰。

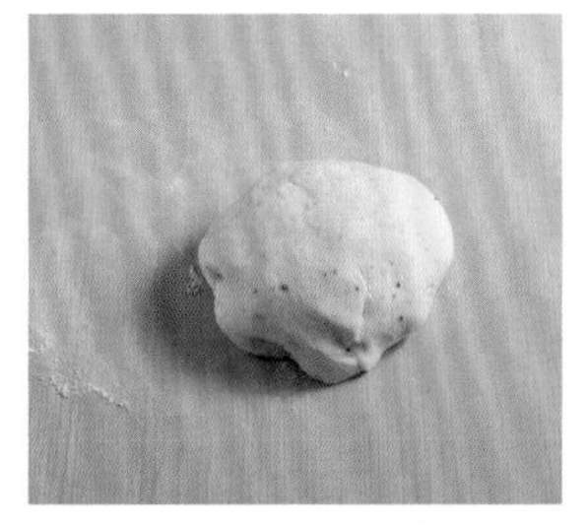

5 **鬆弛**：麵糰上撒些麵粉，蓋上保鮮膜，放在室溫下鬆弛約5分鐘。

6 **分割**：將麵糰搓長，再分割成6等分，將每份麵糰整成圓形後，將收口黏緊，在室溫下鬆弛約5分鐘。

7 **包餡**：將麵糰壓平，再擀成中間厚、周圍薄的圓片狀（直徑約12公分），包入餡料約50克，將收口黏緊。

8 **最後發酵**：將麵糰蓋上保鮮膜，在室溫下發酵約5分鐘後，將麵糰壓平，再繼續發酵約10分鐘。

9 **油煎**：平底鍋稍微加熱，倒入約2大匙的沙拉油，放入麵糰以小火加熱，將兩面煎至金黃色即可。

提醒

★**做法8**：進行最後發酵時，麵糰膨脹變大即可入鍋油煎；發酵時間隨當時環境溫度會有不同。

蔥燒包

利用「麵種＋主麵糰」
↓
二次攪拌（揉麵）

用蔥花製成的麵食，千變萬化，在不同的麵糰、不同的調味及不同的熟製方式下，每一款蔥花製品都散發誘人的滋味；這款蔥燒包，同樣也是討好味蕾。

材料　份量：約8個

麵種
水 70克
即溶酵母 1克（1/4小匙）
中筋麵粉 100克

主麵糰
水 120克
即溶酵母 2克（1/2小匙）
細砂糖 10克
中筋麵粉 250克
沙拉油 10克

蔥肉餡
豬絞肉 200克
鹽 1/2小匙
水 35克
醬油 30克
五香粉 1/8小匙
黑胡椒粉 1小匙
蔥花 200克
白麻油 2大匙

做法

1 麵種：依p.98「麵種」的做法，將水、即溶酵母及中筋麵粉混合，用筷子用力攪勻即可，蓋上保鮮膜，發酵約4~5小時。

2 蔥肉餡：豬絞肉加鹽及水（分2次加入），攪成黏稠狀，再依序倒入醬油、五香粉、黑胡椒粉及蔥花，最後淋上白麻油攪勻，冷藏備用。

3 麵種＋主麵糰：依p.99「二次攪拌（揉麵）」的做法，將麵種與主麵糰的所有材料混合，搓揉成光滑狀麵糰。

4 鬆弛：麵糰上撒些麵粉，蓋上保鮮膜，放在室溫下鬆弛約5分鐘。

5 分割：將麵糰搓長，再分割成8等分，將每份麵糰整成圓形後，將收口黏緊，在室溫下鬆弛約5分鐘。

6 包餡：將麵糰全部壓平後，再擀成中間厚、周圍薄的圓片狀（直徑約12公分），再包入蔥肉餡約60克，將收口黏緊。

7 最後發酵：將麵糰蓋上保鮮膜，在室溫下發酵約10~15分鐘。

8 水油煎：平底鍋稍微加熱，倒入約2大匙的沙拉油，放入麵糰，接著倒入約120公克的冷水，蓋上鍋蓋，用中小火將水分煎乾，底部成金黃色即可。

★做法7：最後發酵時，麵糰膨脹變大即可入鍋油煎；發酵時間隨當時環境溫度會有不同。

★做法8：將水分煎乾，麵糰底部呈金黃色，全程約需10~12分鐘。

炸蔥油烙餅

利用「麵種＋主麵糰」
↓
二次攪拌（揉麵）

利用熱油將蔥白炸香，連油帶蔥一起加入麵糰內，可想而知，其香氣肯定加倍，又加上滿滿的芝麻粒，越吃越香，讓人欲罷不能的家常烙餅。

材料　份量：1個

麵種
水 70克
即溶酵母 1克（1/4小匙）
中筋麵粉 100克

主麵糰
水 70克
即溶酵母 1克（1/4小匙）
細砂糖 10克
中筋麵粉 150克

炸蔥油
沙拉油 50克
蔥白 50克
鹽 1小匙

配料
生的白芝麻 25克

做法

1 麵種：依p.98「麵種」的做法，將水、即溶酵母及中筋麵粉混合，用筷子用力攪勻，蓋上保鮮膜，發酵約4~5小時。

2 炸蔥油：沙拉油加熱至150~160℃（出現油紋），倒入蔥白，用小火炸成金黃色，冷卻備用。

3 麵種＋主麵糰：依p.99「二次攪拌（揉麵）」的做法，將麵種與主麵糰的所有材料混合，稍微攪勻後，接著倒入做法2的全部蔥油，搓揉成光滑狀麵糰。

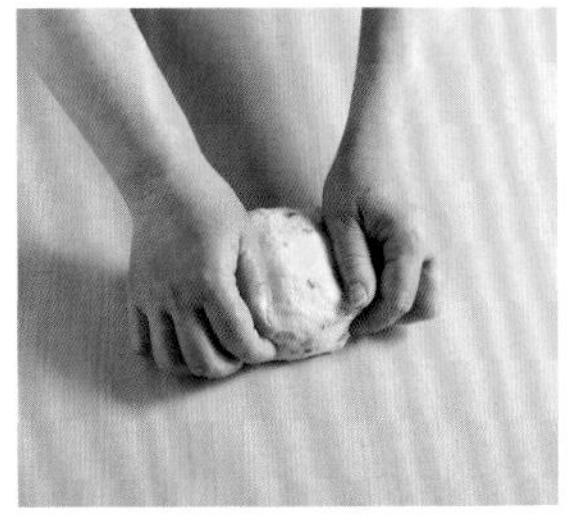

4 鬆弛：蓋上保鮮膜，放在室溫下鬆弛約10分鐘。

5 整形：用雙手將麵糰整成圓形，在麵糰表面刷上均勻的清水，再抓著底部將表面沾上生的白芝麻。

6 擀麵糰：將麵糰壓平，再擀成直徑約21~22公分的圓形。

7 最後發酵：將麵糰蓋上保鮮膜，在室溫下發酵約50分鐘。

8 油煎：平底鍋稍微加熱，倒入約2大匙的沙拉油，放入麵糰以小火加熱，蓋上鍋蓋，將兩面烙成金黃色即可。

提醒

★做法7：進行最後發酵時，麵糰膨脹變大即可入鍋油煎；發酵時間隨當時環境溫度會有不同。

★做法8：可用刮板輕輕地將麵糰鏟起，以免麵糰變形回縮；也可將整形好的麵糰直接放入鍋內，進行最後發酵，開小火加熱時 ，可從麵糰邊緣淋入沙拉油，待底部煎至定型後，即可翻面。

椰香芋泥卷

利用「即溶酵母」
↓
一次攪拌（揉麵）

饅頭內裹著綿密的芋泥餡，是許多人鍾愛的滋味，淡淡的芋泥香氣與似有若無的椰香，融合後相互提味，散發自然的香甜口感。

材料　份量：約8個

水 215克
即溶酵母 4克（1小匙）
細砂糖 15克
中筋麵粉 400克
沙拉油 5克
椰子粉 50克

芋泥餡
芋頭 200克（去皮後）
糖粉 60克
無鹽奶油 15克

做法

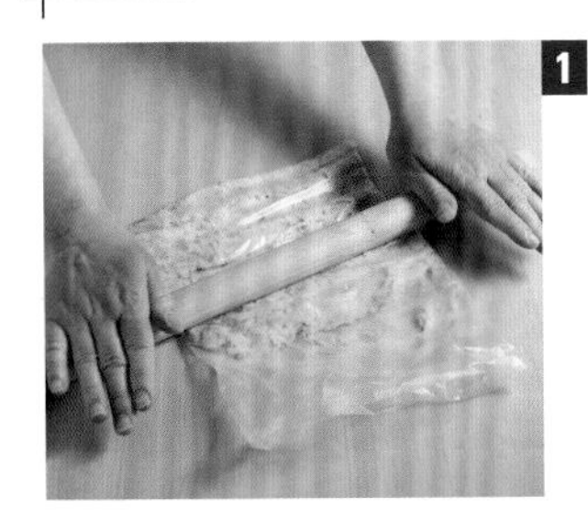

1 **芋泥餡**：芋頭切片蒸熟後，裝入耐熱塑膠袋內，用擀麵棍擀成細緻的泥狀。

2 取出芋泥放入容器內，再加入糖粉及軟化的無鹽奶油攪勻，均分成8等分備用。

3 **麵糰**：依p.96「一次攪拌（揉麵）」的做法，將水、即溶酵母、細砂糖、中筋麵粉及沙拉油混合，稍微搓揉後，接著加入椰子粉，繼續揉成光滑狀麵糰。

4 **鬆弛**：麵糰上撒些麵粉，蓋上保鮮膜，放在室溫下鬆弛約5分鐘。

5 **分割**：將麵糰搓長，再分割成8等分，分別搓成光滑狀，儘量將氣泡壓出，麵糰整成圓形，再鬆弛約5分鐘。

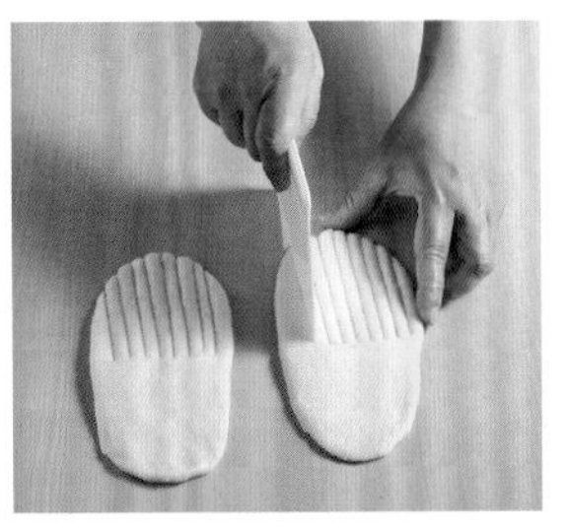

6 **整形**：將麵糰壓平，再擀成長約18公分、寬約7~8公分的橢圓形，先用刮板在麵糰1/2處切個記號，然後在麵糰的半邊將麵糰切割成一排寬約0.5公分的長條。

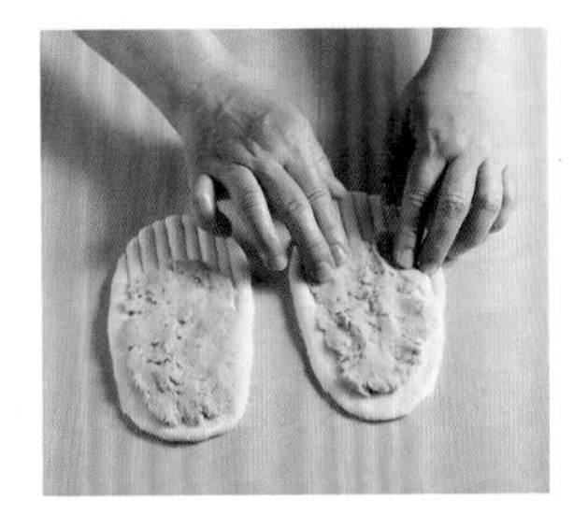

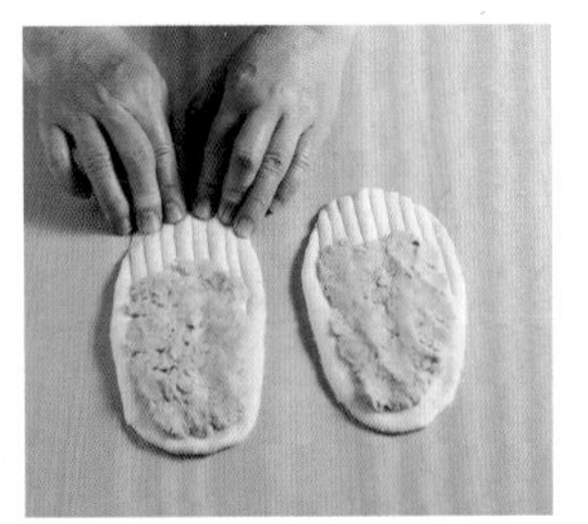

7 **鋪芋泥餡**：將芋泥餡鋪在麵糰表面（未切刀口部分，周圍留空白），接著將麵糰底部壓扁（條狀麵糰處），以利黏合。

8 將麵糰輕輕地捲起，將黏合處壓在底部，放在防沾蠟紙上，並直接放入蒸籠內。

9 **最後發酵**：蓋上蒸籠蓋，發酵約15~20分鐘。

10 **蒸製**：麵糰發酵後，將蒸籠放在鍋上，從冷水蒸起，全程約需18~20分鐘。

提醒

★做法6：麵糰切割成長條狀，與p.112方式雷同，兩者差異在於麵糰的分割先後順序，而呈現視覺的不同效果。

★做法細節請看p.104「饅頭總複習」。

花素烙餅

利用「麵種＋主麵糰」
↓
二次攪拌（揉麵）

由多種素材組合的餡料，分別呈現紅、黑、綠的天然色澤，雖然未加任何「葷料」，但藉由香麻的花椒油及基本調味，即能呈現美味又順口的餅香滋味。

材料　份量：1個

麵種
水 70克
即溶酵母 1克（1/4小匙）
中筋麵粉 100克

主麵糰
紅蘿蔔汁（請看「提醒」） 115克
細砂糖 10克
即溶酵母 1克（1/4小匙）
中筋麵粉 250克
沙拉油 10克

花素餡
紅蘿蔔 150克（去皮後）
黑木耳 60克
芹菜 50克
沙拉油 2大匙
花椒粒 1小匙
蔥花 25克
白麻油 1大匙
鹽 1又1/2小匙
白胡椒粉 1/2小匙

提醒

★主麵糰內的紅蘿蔔汁：花素餡中的紅蘿蔔刨成細絲後，用力擠出汁液，不夠115克的份量，則用清水補足。

★做法10：將麵糰擀開時，必須順著筋性慢慢地，不要急著一次擀開，以免擠壓爆餡。

做法

1 **麵種**：依p.98「麵種」的做法，將水、即溶酵母及中筋麵粉混合，用筷子用力攪勻即可，蓋上保鮮膜，發酵約4~5小時。

2 **花素餡**：紅蘿蔔刨成細絲，擠乾水分備用（擠出的紅蘿蔔汁要加入主麵糰中，請看「提醒」），黑木耳及芹菜切碎備用；炒鍋稍微加熱，倒入沙拉油，用小火將花椒粒炒香，再將花椒粒取出。

3 將紅蘿蔔絲倒入鍋中，用餘油（做法2的花椒油）炒勻，接著倒入黑木耳炒勻即熄火，接著加入芹菜末及蔥花。

4 再倒入白麻油、鹽及白胡椒粉調味，炒勻後盛出冷卻備用。

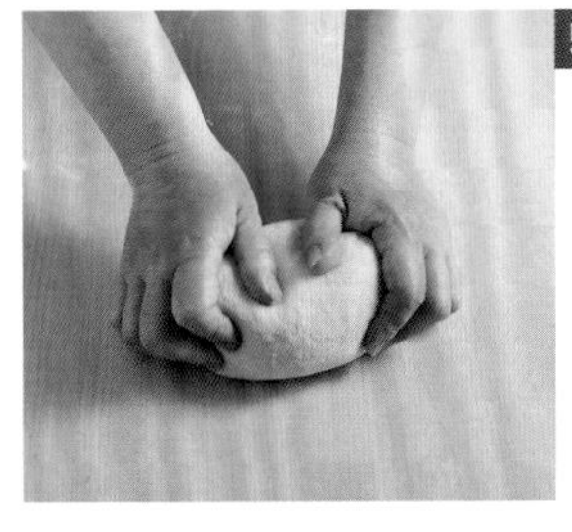

5 **麵種＋主麵糰**：依p.99「二次攪拌（揉麵）」的做法，將麵種與主麵糰的所有材料混合，搓揉成光滑狀麵糰，放在室溫下鬆弛約5分鐘。

6 **擀麵糰**：將麵糰壓平，再擀成長約50公分、寬約20公分的長方形。

7 **鋪餡料**：將麵糰翻面後，將多餘的麵粉刷掉，再鋪上花素餡。

8 餡料不要鋪滿（麵糰四周留約1公分），在麵糰一端壓扁後刷上少許清水（有助於麵糰黏合），將麵糰捲成圓柱體。

9 **整形**（p.11「螺旋狀」）：用雙手輕輕地擠出麵糰內的空氣，再盤成螺旋狀，將麵糰的尾端捏扁再塞入底部，鬆弛約10分鐘。

10 **最後發酵**：麵糰鬆弛後，再輕輕地從麵糰中心部位向周圍擀開，蓋上保鮮膜，發酵約15~20分鐘。

11 **油烙**：平底鍋稍微加熱，倒入約2大匙的沙拉油，用刮板鏟起麵糰放入鍋內，以小火加熱，蓋上鍋蓋，約3~5分鐘後底部如已定型即可翻面，全程約需20分鐘。

生煎饅頭

利用「即溶酵母」
↓
一次攪拌（揉麵）

將「蒸」的饅頭換個方式……以半蒸半煎熟製，起鍋後的饅頭依然具備該有的鬆軟特色，而品嚐感受卻大不相同喔！

材料 份量：8個

無糖豆漿 200克
即溶酵母 3克（1/2小匙+1/4小匙）
細砂糖 35克
中筋麵粉 350克
沙拉油 10克
黑芝麻粉 45克

裝飾
熟的白芝麻 1小匙

做法

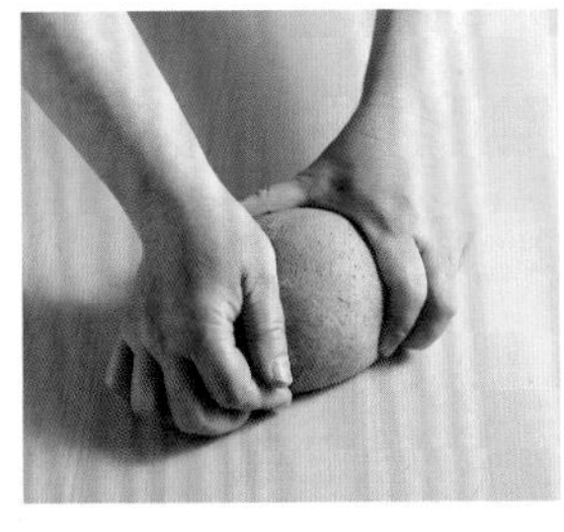

1 **麵糰**：依p.96「一次攪拌（揉麵）」的做法，將無糖豆漿、即溶酵母、細砂糖、中筋麵粉及沙拉油混合攪勻，稍微搓揉後，接著加入黑芝麻粉，繼續揉成光滑狀麵糰。

2 **鬆弛**：麵糰上撒些麵粉，蓋上保鮮膜，放在室溫下鬆弛約5分鐘。

3 **分割**：將麵糰搓長，再分割成8等分，將每份麵糰搓揉成光滑狀，儘量將氣泡壓出。

4 **手搓法**（p.103說明）：將麵糰整成圓形，底部用力捏合，用雙手不停地搓揉，使得圓形麵糰呈挺立狀。

5 **最後發酵**：將麵糰蓋上保鮮膜，發酵約30~40分鐘。

6 **水油煎**：平底鍋稍微加熱，倒入約2大匙的沙拉油，將麵糰輕輕地放入鍋內（等距），再將120克左右的冷水淋在麵糰上，並撒上熟的白芝麻。

7 蓋上鍋蓋，用小火加熱，直到水分煮乾，麵糰底部呈金黃色，全程約需20~22分鐘。

提醒

★**做法6**：麵糰要等距放置於鍋內，持續用小火加熱。

★**確認饅頭起鍋**：約18分鐘後，可掀鍋蓋檢視，如呈現以下狀態，則可熄火起鍋：(1)水分消失，鍋底呈現金黃色（殘留的麵粉水受熱焦化）；(2)輕壓麵糰具彈性。

蛋黃麻糰

全燙麵＋發酵麵糰
↓
一次攪拌（揉麵）

小發麵加一點全燙麵，造就軟Q的好口感，與糯米製品相較，毫不遜色；
趁熱享用時，滿嘴芝麻香，還有微鹹濃郁的蛋黃香氣，家常點心令人滿足。

材料　份量：8個

麵糰（全燙麵）
中筋麵粉 50克
滾水 35克

發酵麵糰
鮮奶 60克
即溶酵母 1克（1/4小匙）
細砂糖 25克
中筋麵粉 100克
沙拉油 10克

夾心餡
鹹蛋黃 8個

配料
生的白芝麻 30克

做法

1 全燙麵：依p.37「全燙麵」的做法，將滾水倒入中筋麵粉內，用筷子用力攪成糰，蓋上保鮮膜，冷卻備用。

2 夾心餡：將生的鹹蛋黃放入已預熱的烤箱中，以上、下火約150℃烤約8~10分鐘，表層呈乾爽狀即可，冷卻備用。

3 全燙麵＋發酵麵糰：依p.96「一次攪拌（揉麵）」的做法，將鮮奶、即溶酵母、細砂糖、中筋麵粉及沙拉油用筷子稍微混合（尚未成糰），接著將做法1的麵糰放入，一起搓揉成光滑狀麵糰。

4 鬆弛：麵糰上抹些沙拉油，放在室溫下鬆弛約20分鐘。

5 分割：將麵糰搓長，再分割成8等分，整成圓形後，再鬆弛約5分鐘。

6 包鹹蛋黃：將麵糰捏扁，包入鹹蛋黃，將封口確實黏緊，並輕輕地搓圓。

7 整形、最後發酵：全部包完後，再沾上少許的清水，裹上生的白芝麻，並輕輕地搓圓；將麵糰放在室溫下，發酵約15~20分鐘。

8 油炸：油溫約160℃，將麵糰放入油鍋中，待麵糰定型時再翻動，以小火炸成金黃色即可。

★做法7：發酵時間的長短，影響成品口感的鬆軟度；要注意麵糰的封口處經發酵後，有撐開現象時，必須再輕輕地黏合。

棗泥大鍋餅

全燙麵＋發酵麵糰
↓
一次攪拌（揉麵）

參見DVD示範

軟中帶Q的麵皮，層層堆疊中裹著棗泥，不同的製程，口感更加豐富，滋味也更迷人，絕對有別於一般燙麵製成的豆沙鍋餅（《孟老師的中式麵食》的p.94）。

材料　份量：1個

麵糰（全燙麵）
中筋麵粉 50克
滾水 35克

發酵麵糰
水 120克
即溶酵母 2克（1/2小匙）
細砂糖 15克
中筋麵粉 200克
沙拉油 10克

夾心餡
棗泥（或紅豆沙） 150克

裝飾
生的黑、白芝麻 各1小匙

提醒

★**做法2**：利用保鮮膜將糰狀的棗泥整成圓形，有助於包入麵糰中，可輕易地擀開。

★**做法8**：將麵糰直接擀成正方形（或長方形）亦可，未必要擀成圓形。

做法

1 全燙麵＋發酵麵糰：依p.171的做法1、3，將全燙麵及發酵麵糰混合，一起搓揉成光滑狀麵糰，撒上少許麵粉，蓋上保鮮膜，放在室溫下鬆弛約15分鐘。

2 夾心餡：將棗泥放在保鮮膜上，再蓋一張保鮮膜，擀成直徑約10~12公分的圓形備用。

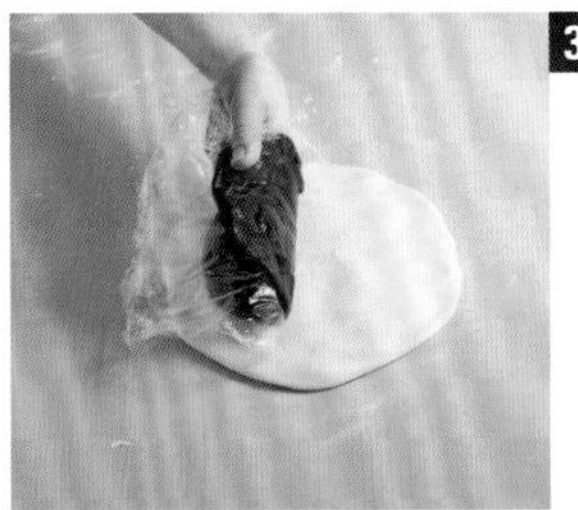

3 擀麵糰：將麵糰壓平，再擀成直徑約18~20公分的圓形（中間厚，周圍薄），拿掉棗泥表面的保鮮膜，再用手拖著保鮮膜底部，反扣在麵糰上。

4 整形：拿掉保鮮膜後，將麵糰四周捏合黏緊，用雙手從麵糰中心處向四周攤平。

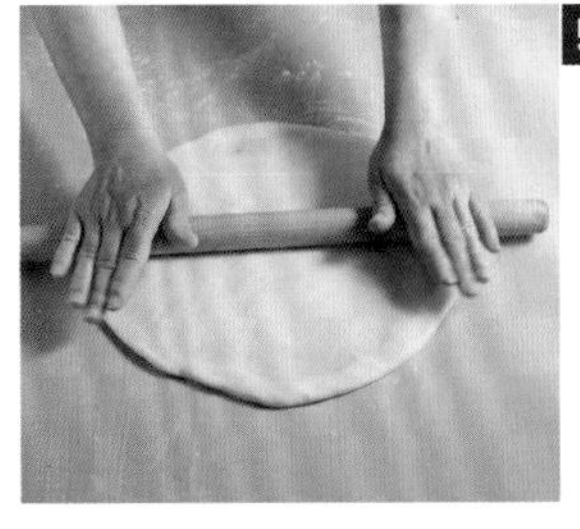

5 擀薄：再從麵糰中心處向四周擀開，成直徑約33~35公分的圓片狀。

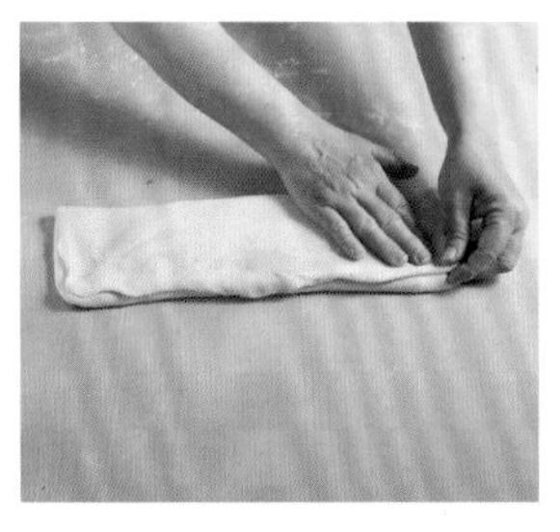

6 將麵糰對摺，再將弧形邊緣拉齊。

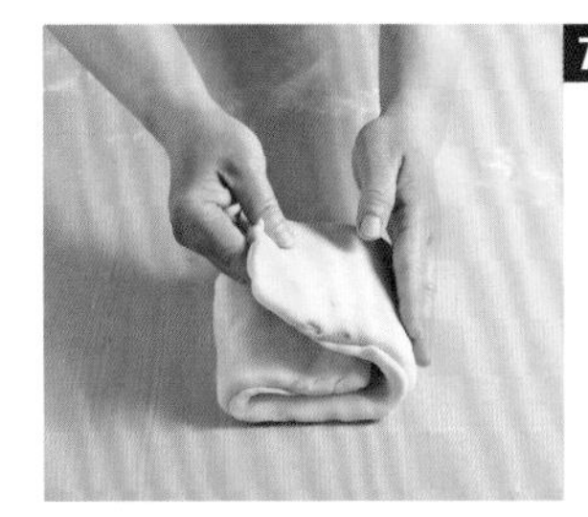

7 鬆弛：再將麵糰兩側對摺成正方形，撒上少許麵粉，放在室溫下，鬆弛約10分鐘。

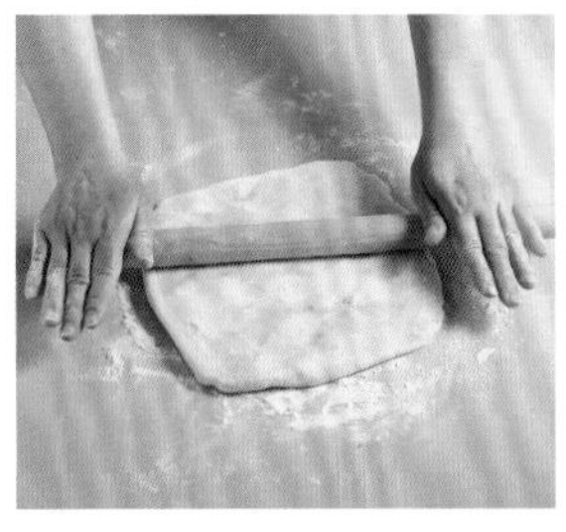

8 擀平：案板上撒些麵粉，將麵糰壓平，從中心處向四周擀開，可用刮板將麵糰整成圓形，直徑約26公分。

9 最後發酵：在麵糰表面抹上均勻的清水，再撒上黑、白芝麻，並用手輕輕地壓平，放在室溫下，蓋上保鮮膜，發酵約20分鐘。

10 乾烙：平底鍋稍微加熱，用刮板將麵糰鏟起放入鍋內，蓋上鍋蓋，用小火加熱，約數分鐘後，待麵糰定型時再翻面，烙成兩面成金黃色即可。

鳳尾蝦包

利用「麵種＋主麵糰」
↓
二次攪拌（揉麵）

將蝦尾露在包子外，增添白皙麵皮有趣的點綴，也能營造餐桌上的驚喜。

材料　份量：15個

麵種
水 70克
即溶酵母 1克（1/4小匙）
中筋麵粉 100克

主麵糰
水 50克
細砂糖 10克
即溶酵母 1克（1/4小匙）
中筋麵粉 125克
沙拉油 5克

蝦仁餡
新鮮蝦仁 100克
米酒 1/4小匙
白胡椒粉 1/8小匙
整條鮮蝦 15隻
豬絞肉 100克
鹽 1/4小匙＋1/8小匙
水 1大匙
醬油 2小匙
薑泥 1/4小匙
蔥白、芹菜末 各15克
白麻油 2小匙

提醒

★做法2：成品尺寸不大，儘量選購較小隻的鮮蝦，以呈現裝飾效果。

★做法11：最好將蒸鍋內的冷水先加熱，以免露在麵皮外的新鮮蝦仁過度加熱，影響色澤及口感。

做法

1 麵種：依p.98「麵種」的做法，將水、即溶酵母及中筋麵粉混合，用筷子用力攪勻即可，蓋上保鮮膜，發酵約4~5小時。

2 蝦仁餡：新鮮蝦仁洗乾淨並抽出腸泥，用廚房紙巾擦乾再切碎，加入米酒及白胡椒粉攪勻；將整條鮮蝦剝殼並留著蝦尾，抽出腸泥，冷藏備用。

3 豬絞肉加鹽及水攪勻，再依序倒入醬油及薑泥攪勻，接著加入做法2的蝦仁攪勻。

4 最後加入蔥白及芹菜末，再倒入白麻油攪勻，冷藏備用。

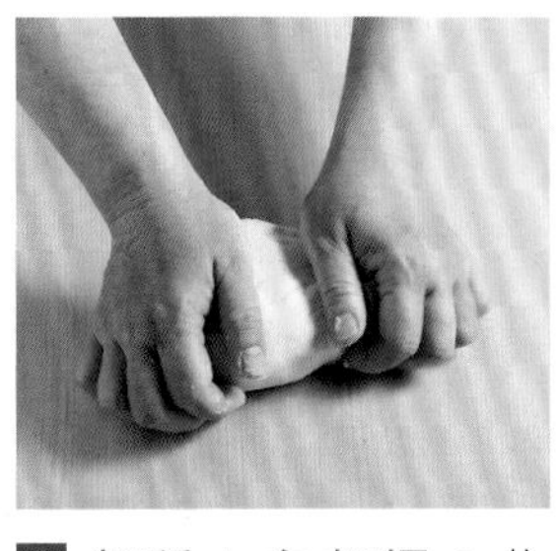

5 麵種＋主麵糰：依p.99「二次攪拌（揉麵）」的做法，將麵種與主麵糰的所有材料混合，搓揉成光滑狀麵糰。

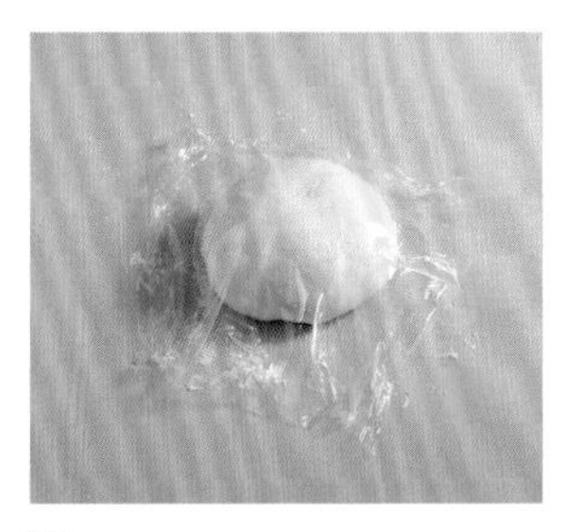

6 鬆弛：麵糰上撒些麵粉，蓋上保鮮膜，放在室溫下鬆弛約5分鐘。

7 分割：將麵糰搓長，再以滾刀法（p.9），分割成15等分（約23~24克），將小麵糰捏圓後再壓扁。

8 擀皮：將麵糰擀成中間厚、周圍薄的圓片狀（直徑約8~9公分），將15份麵糰全部擀完再包餡。

9 包餡：包入蝦仁餡約17~18克，並放入一隻蝦仁，將蝦尾部分露出麵皮外，再開始收口打摺黏合，最後將蝦尾露出封口外。

10 最後發酵：包好後放在防沾蠟紙上，直接放入蒸籠內，蓋上蒸籠蓋，發酵約15~20分鐘。

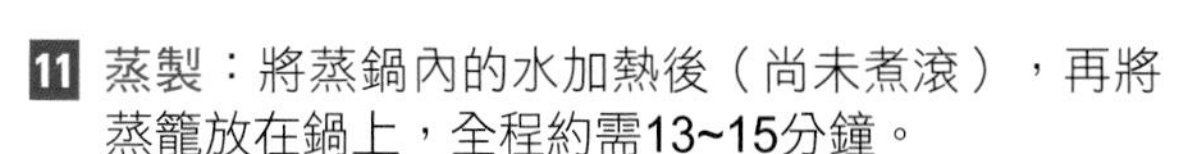

11 蒸製：將蒸鍋內的水加熱後（尚未煮滾），再將蒸籠放在鍋上，全程約需13~15分鐘。

三色饅頭

利用「即溶酵母」
↓
一次攪拌（揉麵）

利用各式蔬果的天然色澤，擠汁壓泥後揉入麵糰中，從單色到雙色、三色，可發揮饅頭製作的無窮樂趣；請盡情延伸，創作更多不同的彩色饅頭。

材料　份量：約14個

橘色麵糰（紅蘿蔔）
紅蘿蔔泥 55克
即溶酵母 1克（1/4小匙）
細砂糖 10克
中筋麵粉 100克
沙拉油 1小匙

綠色麵糰（菠菜）
將橘色麵糰的紅蘿蔔泥改成菠菜泥55克
其餘材料不變

白色麵糰（原味）
水 95克
即溶酵母 1.5克（1/4小匙+1/8小匙）
細砂糖 15克
中筋麵粉 180克
沙拉油 10克

提醒

★做法細節請看p.104「饅頭總複習」。

★做法2：在揉製白色麵糰的同時，橘色及綠色麵糰也在靜置鬆弛，因此，當白色麵糰揉好後，可接著將橘色及綠色麵糰擀壓整形（做法3~4）。

★做法7：也可省略整形動作，直接將分割後的小麵糰放入蒸籠內，進行發酵並蒸製。

做法

1 依p.109的做法，將紅蘿蔔泥及菠菜泥製作完成備用。

2 麵糰：依p.96「一次攪拌（揉麵）」做法，依序將紅蘿蔔泥、菠菜泥及水各別與即溶酵母、細砂糖、中筋麵粉及沙拉油，分三次混合搓揉，成為三種顏色的光滑麵糰。

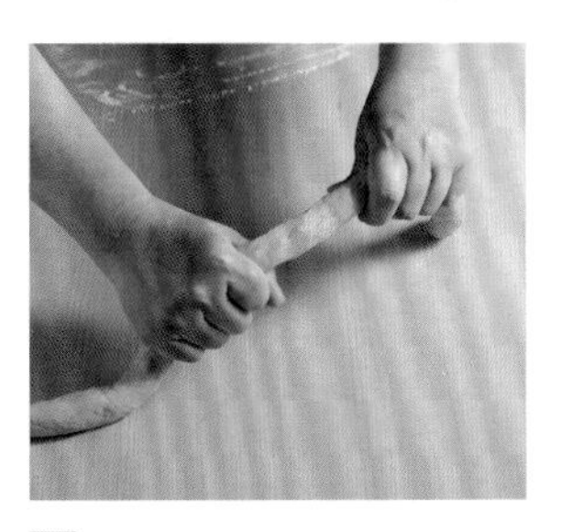

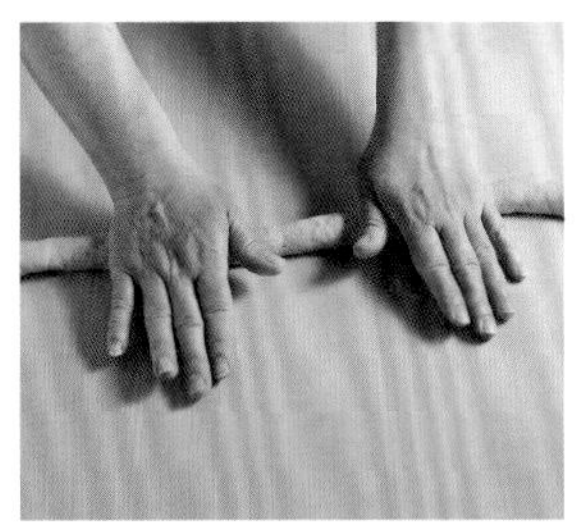

3 整形：先將橘色麵糰捏長（為方便搓長），再用雙手搓成約55公分的長條狀。

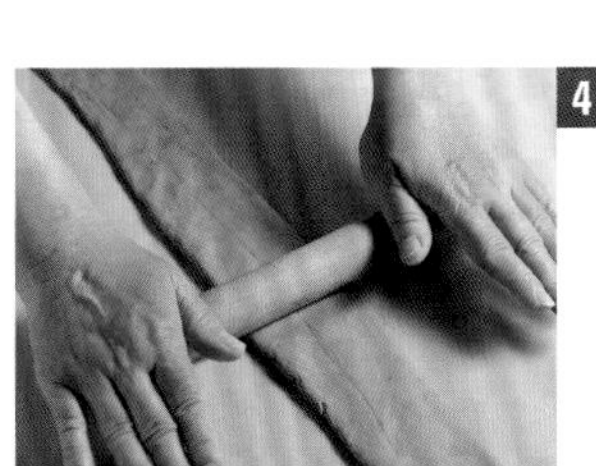

4 同樣地將綠色麵糰捏長，壓扁後再擀平，儘量與橘色麵糰等長，成為寬度約7公分的工整麵糰。

5 接著在綠色麵糰上刷些清水（有助於麵糰黏合），再將橘色麵糰放在上面，將綠色麵糰兩側對摺黏緊。

6 依做法4，將白色麵糰捏長，壓扁後再擀平，儘量與做法5的麵糰等長，寬度約8公分，再將做法5的兩色麵糰包入並黏緊。

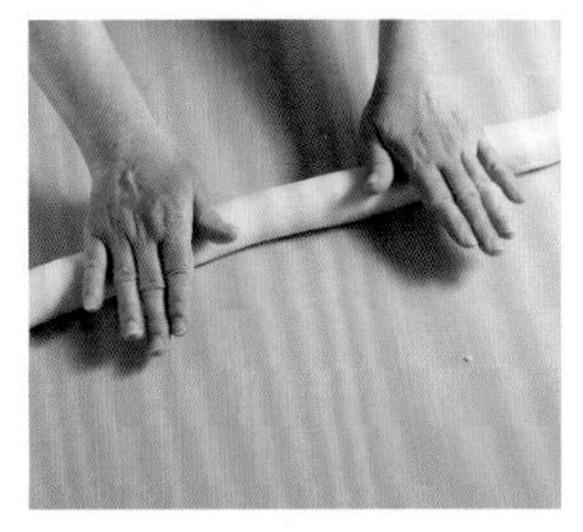

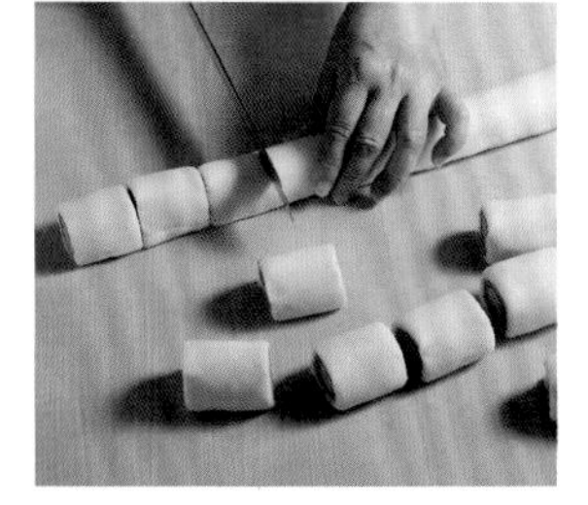

7 分割：三種顏色的麵糰包好後，輕輕地捏勻，並搓成約75~80公分的長度，再分割成14等分。

8 將每份麵糰對切為二，用手輕輕地捏平。

9 在白色麵糰表面均勻地刷些清水，再將兩片麵糰黏合（白色部分相黏），並用刮板將邊緣推齊，將麵糰尾端捏平（較易黏合），再捲成圓柱體。

10 最後發酵：將麵糰放在防沾蠟紙上，直接放入蒸籠內，蓋上蒸籠蓋，發酵約15~20分鐘。

11 蒸製：麵糰發酵後，將蒸籠放在鍋上，從冷水蒸起，全程約需18~20分鐘。

全麥蔥花烙餅

利用「麵種＋主麵糰」
↓
二次攪拌（揉麵）

參見DVD示範

乾烙後的餅香，融合著蔥香鹹味，尤其熱騰騰咬上一口，令人滿足呀！

材料　份量：6個

麵種
水 90克
即溶酵母 1.5克（1/4小匙＋1/8小匙）
中筋麵粉 150克

主麵糰
水 70克
細砂糖 15克
中筋麵粉 50克
全麥麵粉 80克
沙拉油 10克

蔥花餡
白胡椒粉 1/2小匙
鹽 1又1/4小匙
蔥花 130克
沙拉油 15克

做法

1 麵種：依p.98「麵種」的做法，將水、即溶酵母及中筋麵粉混合，用筷子用力攪勻即可，蓋上保鮮膜，發酵約4~5小時。

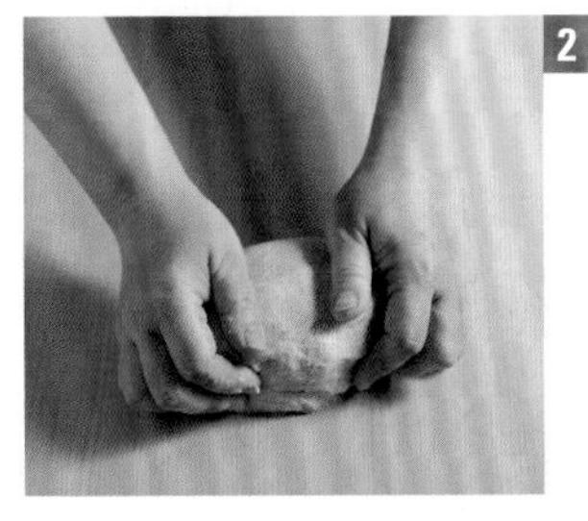

2 麵種＋主麵糰：依p.99「二次攪拌（揉麵）」的做法，將麵種與主麵糰的 所有材料混合，搓揉成光滑狀麵糰。

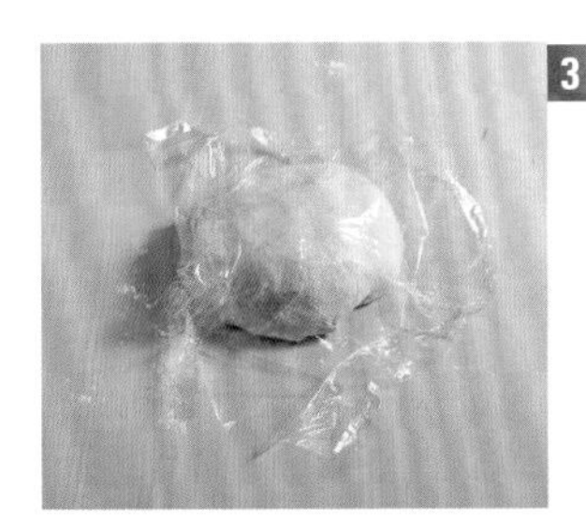

3 鬆弛：麵糰上撒些麵粉，蓋上保鮮膜，放在室溫下鬆弛約5分鐘。

4 分割、鬆弛：將麵糰搓長，均分成6等分，將小麵糰搓圓並壓出氣泡，再鬆弛約5分鐘。

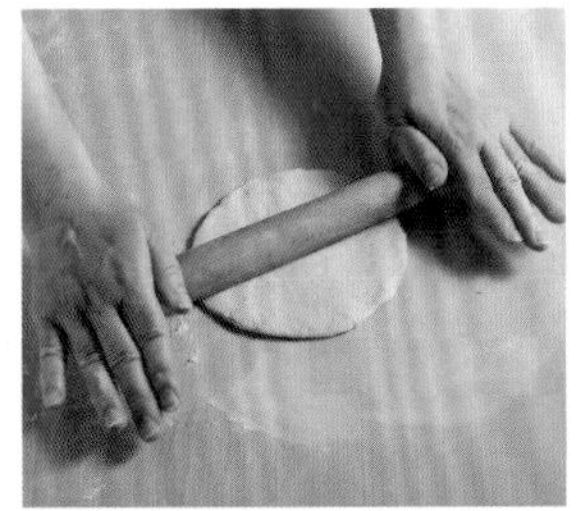

5 擀皮：將6份麵糰先壓平，再擀成中間厚、周圍薄的圓片狀（直徑約16公分）。

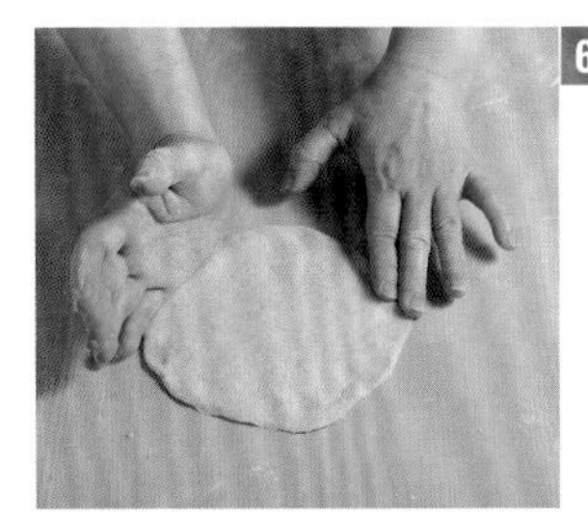

6 白胡椒粉加鹽攪勻，蔥花加沙拉油攪勻備用；要包蔥花時，用手將麵皮邊緣的氣泡再壓出。

7 包餡：取約1/4小匙白胡椒粉及鹽（已攪勻），均勻地撒在麵皮上，再鋪上蔥花（已加沙拉油）約23~25克（麵皮邊緣留一公分）。

8 整形：將麵皮左右兩側向內摺約1公分的寬度，再將上、下對摺成長方形，並將封口黏緊。

9 最後發酵：包好後，將麵糰蓋上保鮮膜，在室溫下發酵約10~15分鐘。

10 乾烙：平底鍋稍微加熱，將麵糰封口朝下放入鍋內，蓋上鍋蓋，用小火加熱，約2~5分鐘後，待麵糰定型時即可翻面，烙成兩面成金黃色即可（請參考p.27「熟了沒，該如何判斷？」）。

白饅頭

材料 （8個）

水 265克
即溶酵母 5克
中筋麵 粉 500克
細砂糖 25克
沙拉油 5克

做法

1.先將水、即溶酵母混合，再將所有材料混合，用橡皮刮刀拌合材料，攪勻至水分消失。

2.用手在鋼盆中搓揉麵糰，讓鬆散狀麵糰變成完整的麵糰。

3.將麵糰移至工作檯上，繼續用雙手搓揉成光滑狀。

4.將麵糰放置在室溫下鬆弛約5分鐘，即可開始整形。

5.將麵糰擀成長方形，同時儘量壓出麵糰內的氣泡。

6.麵糰擀成長約70公分、寬約15公分的薄麵糰，再以三摺方式黏合。

7.再將長方形麵糰均勻地向四周擀開、擀平，使得麵糰之間緊密黏合，最後成為長約45公分、寬約25公分的長方形。

8.將麵糰表面多餘的粉刷掉，再均勻地刷上清水。

9.長方形麵糰的一邊，需用擀麵棍擀薄，以利捲完後的麵糰容易黏合。

10.由麵糰的邊緣開始緊密地捲起，捲成圓柱體後，再從麵糰中心部位向兩邊輕輕搓揉數下，好讓麵糰粗細均等，麵糰搓成長約50公分圓柱體。

11.將麵糰切成8等分，放在防沾蠟紙上。

12.麵糰直接放入蒸籠內，蓋上蒸籠蓋，進行最後發酵約20分鐘。

13.鍋中放入冷水，將蒸籠放在鍋上，熱水沸騰後算起，以中大火蒸約15分鐘。

麥穗素包

摘錄自 

p.170

內餡材料（約10個）

高麗菜 300克
香菇 5朵
醬油 1小匙
熟麵輪 5個
紅蘿蔔 50克
芹菜 30克
嫩薑 5克

調味料
- 鹽 1/2小匙
- 細砂糖 1/2小匙
- 醬油 1小匙
- 白胡椒粉 1/2小匙
- 白麻油 2大匙

包子皮材料

水 135克
即溶酵母 3克
中筋麵粉 250克
細砂糖 10克
沙拉油 1小匙

做法

1.高麗菜洗淨切碎，加入1小匙的鹽搓勻（調味料份量以外的鹽），待10分鐘後擠乾水分。

2.香菇洗淨後泡軟再切成細末，另加1小匙醬油攪勻備用。

3.熟麵輪用熱水泡軟，紅蘿蔔用滾水煮熟，與芹菜分別切成細丁狀備用。嫩薑切成細末。

4.將香菇、熟麵輪、紅蘿蔔、芹菜以及薑末混合，加入所有調味料（白麻油最後加入），用筷子攪拌均勻。

5.開始包餡時，再將高麗菜與其他材料混合。

6.依本書中p.147頁做法5-8，將包子皮製作完成。

7.放上適量的餡料在包子皮上。

8.麥穗造形做法：首先在開端將麵糰向內摺，接著將麵糰的左、右分別黏合，最後將尾端黏緊。

9.包好後放在防沾蠟紙上，直接放入蒸籠內，蓋上蒸籠蓋，進行最後發酵約15分鐘。

10.麵糰發酵後，鍋中放入冷水，將蒸籠放在鍋上，熱水沸騰後算起，以中大火蒸約12分鐘。

韭黃鮮肉鍋貼

摘錄自 

p.74

內餡材料（約30個）

豬絞肉 300克

- 鹽 1/2小匙
- 水 4大匙

調味料
- 醬油 2大匙
- 薑泥 1/2小匙
- 白胡椒粉 1/4小匙
- 白麻油 2大匙

韭黃 100克

白蘿蔔 100克（去皮後）

外皮材料

中筋麵粉 200克

滾水 25克

冷水 110克

麵粉水

水 100克

中筋麵粉 5克

做法

內餡調配

1.將鹽與水加入絞肉中攪拌至水完全被吸收。

2.依次添加醬油、薑泥、白胡椒粉、白麻油攪勻。

3.絞肉處理之後，冷藏冰鎮備用。

4.韭黃洗淨後切成長約1公分的大小；白蘿蔔去皮後刨成細絲，加1小匙的鹽拌勻，放在室溫下靜置約10分鐘，再將白蘿蔔的水分擠出，切碎備用。

5.韭黃、白蘿蔔絲分別倒入已調過味的肉餡中，為增加餡料的滑潤度，可另外將1大匙的白麻油淋在蔬菜上，接著用筷子輕輕攪拌均勻即可。

外皮製作

6.外皮是屬於半燙麵製作，依本書p.35-36「半燙麵」做法將麵糰製作完成。

7.麵糰蓋上保鮮膜放在室溫下鬆弛約20分鐘。

8.依本書p.71做法4-5，進行外皮的分割、擀皮。

包餡

9.取適量的餡料放在麵皮中央。

10.將麵皮對摺，將麵皮黏緊成長條型。

11.雙手將麵皮上緣稍微向下輕壓，包好的鍋貼放在撒過麵粉的餐盤上備用。

煎熟

12.將麵粉水調勻備用。

13.平底鍋內放入約1大匙的沙拉油，將鍋貼入鍋排好，以中火加熱。

14.倒入麵粉水，麵粉水需完全接觸鍋貼。

15.繼續煎約8~10分鐘，當鍋內出現聲響時，表示水分即將烤乾，將鍋貼底部煎至金黃色時，即可鏟出倒扣在餐盤上。

水餃的包法

摘錄自

p.47-48

■包法一 雙手的食指、拇指靠攏捏合

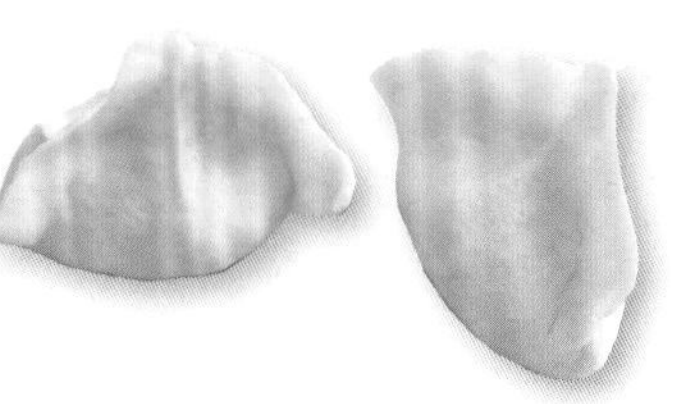

1.取適量的餡料放在水餃皮中央，可用筷子稍微輕壓，好讓餡料集中（圖❶）。
2.餡料飽滿時，可稍微將麵皮拉開（圖❷）。
3.麵皮對摺後，雙手的拇指與食指沿著麵皮邊緣分別夾住左右兩邊（圖❸）。
4.雙手的拇指與食指一起將麵皮黏緊（圖❹）。
5.完成後的樣式呈元寶狀。

❶

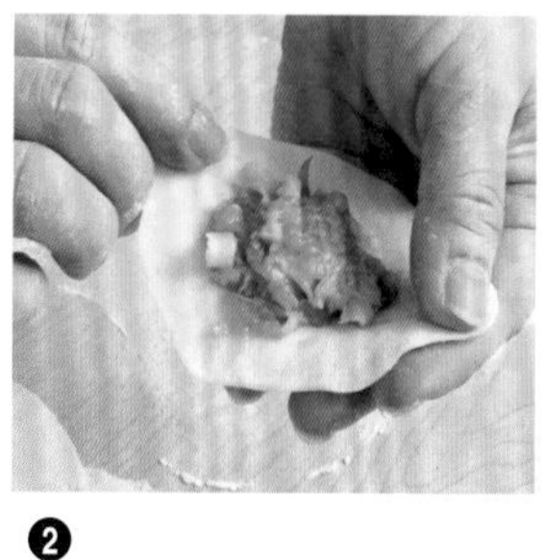
❷

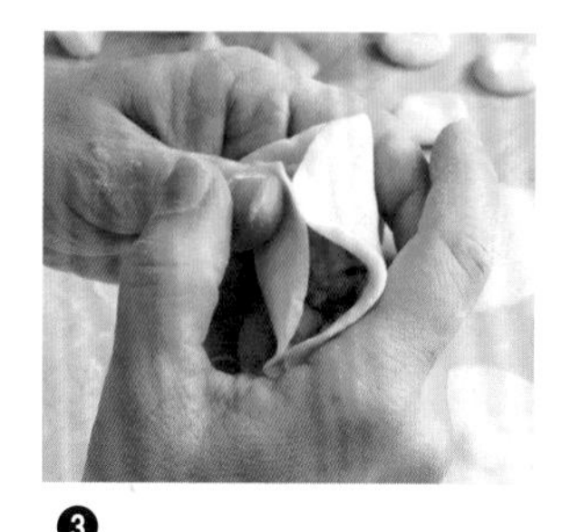
❸

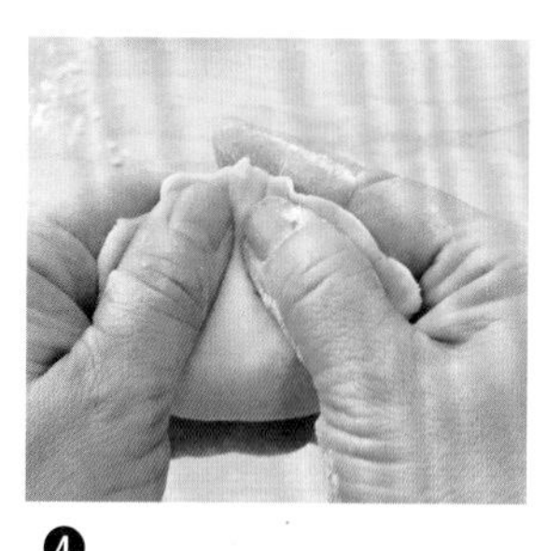
❹

■包法二 兩邊向中間集中

1.取適量的餡料放在水餃皮中央，可用筷子稍微輕壓，好讓餡料集中（圖❶）。
2.餡料飽滿時，可稍微將麵皮拉開，再麵皮對摺（圖❺）。
3.以麵皮對摺後為中心點，分別從兩邊朝向中心點黏合（圖❻）。
4.一邊麵皮黏完後，即黏合另一邊麵皮（圖❼）。
5.完成後的樣式，捏摺向中間集中呈彎月形。

❺

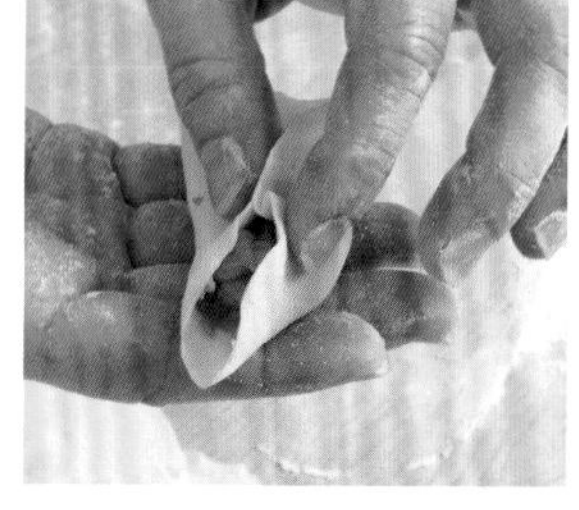
❻

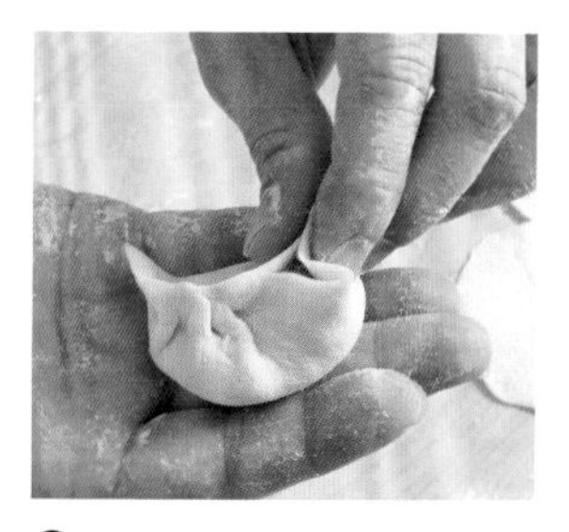
❼

包子包餡

摘錄自 

p.156-157

■擀皮

1.麵糰揉好並經過鬆弛後，分割成所需數量的小麵糰（圖❶）。

2.用手將小麵糰壓成圓餅狀，以左手的食指與拇指抓著麵糰邊緣轉圈，同時右手掌壓住擀麵棍從麵糰邊緣不停地擀（圖❷）。

3.擀成中間厚周圍薄的麵皮，勿須刻意擀得太薄，直徑約10~12公分（圖❸）。

❶

❷

❸

■包餡

1.將餡料填在包子皮內，注意份量勿過多，以利黏合。

2.左手拇指壓住餡料，用右手將包子皮邊緣稍微提高（圖❹）。

3.可利用左手頂住麵皮邊緣，右手再順勢向前將麵皮一摺一摺黏合（圖❺、圖❻）。

4.麵皮黏合一圈後，回到原點黏成一個小開口即可（圖❼）。

5.需注意，包餡時的捏合動作，儘量控制摺紋大小，包子外型才會呈現工整的圓形（圖❽、圖❾）。

❹ ❺ ❻ ❼ ❽ ❾

附錄

全省烘焙材料行

台北市

燈燦
103 台北市大同區民樂街 125 號
（02）2553-4495

生活集品（烘焙器皿）
103 台北市大同區太原路 89 號
（02）2559-0895

日盛（烘焙機具）
103 台北市大同區太原路 175 巷 21 號 1 樓
（02）2550-6996

洪春梅
103 台北市民生西路 389 號
（02）2553-3859

果生堂
104 台北市中山區龍江路 429 巷 8 號
（02）2502-1619

申崧
105 台北市松山區延壽街 402 巷 2 弄 13 號
（02）2769-7251

義興
105 台北市富錦街 574 巷 2 號
（02）2760-8115

正大（康定）
108 台北市萬華區康定路 3 號
（02）2311-0991

源記（崇德）
110 台北市信義區崇德街 146 巷 4 號 1 樓
（02）2736-6376

日光
110 台北市信義區莊敬路 341 巷 19 號 1 樓
（02）8780-2469

飛訊
111 台北市士林區承德路四段 277 巷 83 號
（02）2883-0000

得宏
115 台北市南港區研究院路一段 96 號
（02）2783-4843

菁乙
116 台北市文山區景華街 88 號
（02）2933-1498

全家（景美）
116 台北市羅斯福路五段 218 巷 36 號 1 樓
（02）2932-0405

基隆

美豐
200 基隆市仁愛區孝一路 36 號 1 樓
（02）2422-3200

富盛
200 基隆市仁愛區曲水街 18 號 1 樓
（02）2425-9255

嘉美行
202 基隆市中正區豐稔街 130 號 B1
（02）2462-1963

證大
206 基隆市七堵區明德一路 247 號
（02）2456-6318

新北市

大家發
220 新北市板橋區三民路一段 101 號
（02）8953-9111

全成功
220 新北市板橋區互助街 36 號（新埔國小旁）
（02）2255-9482

旺達
220 新北市板橋區信義路 165 號 1F
（02）2952-0808

聖寶
220 新北市板橋區觀光街 5 號
（02）2963-3112

佳佳
231 新北市新店區三民路 88 號
（02）2918-6456

艾佳（中和）
235 新北市中和區宜安路 118 巷 14 號
（02）8660-8895

安欣
235 新北市中和區連城路 389 巷 12 號
（02）2226-9077

全家（中和）
235 新北市中和區景安路 90 號
（02）2245-0396

馥品屋
238 新北市樹林區大安路 173 號
（02）8675-1687

鼎香居
242 新北市新莊區新泰路 408 號
（02）2998-2335

永誠
239 新北市鶯歌區文昌街 14 號
（02）2679-8023

崑龍（快樂媽媽）
241 新北市三重區永福街 242 號
（02）2287-6020

今今
248 新北市五股區四維路 142 巷 15、16 號
（02）2981-7755

宜蘭

欣新
260 宜蘭市進士路 155 號
（03）936-3114

裕明
265 宜蘭縣羅東鎮純精路二段 96 號
（03）954-3429

桃園

艾佳（中壢）
320 桃園縣中壢市環中東路二段 762 號
（03）468-4558

家佳福
324 桃園縣平鎮市環南路 66 巷 18 弄 24 號
（03）492-4558

陸光
334 桃園縣八德市陸光街 1 號
（03）362-9783

櫻枋
338 桃園縣龜山鄉南上路 122 號
（03）212-5683

艾佳（桃園）
330 桃園市永安路 281 號
（03）332-0178

做點心過生活
330 桃園市復興路 345 號
（03）335-3963

新竹

永鑫
300 新竹市中華路一段 193 號
（03）532-0786

力陽
300 新竹市中華路三段 47 號
（03）523-6773

新盛發
300 新竹市民權路 159 號
（03）532-3027

萬和行
300 新竹市東門街 118 號（模具）
（03）522-3365

康迪
300 新竹市建華街 19 號
（03）520-8250

富讚
300 新竹市港南里海埔路 179 號
（03）539-8878

艾佳（竹北）
新竹縣竹北市成功八路 286 號
（03）550-5369

Home Box 生活素材館
320 新竹縣竹北市縣政二路 186 號
（03）555-8086

台中

總信
402 台中市南區復興路三段 109-4 號
（04）2220-2917

永誠
403 台中市西區民生路 147 號
（04）2224-9876

永誠
403 台中市西區精誠路 317 號
（04）2472-7578

德麥（台中）
402 台中市西屯區黎明路二段 793 號
（04）2252-7703

永美
404 台中市北區健行路 665 號（健行國小對面）
（04）2205-8587

齊誠
404 台中市北區雙十路二段 79 號
（04）2234-3000

利生
407 台中市西屯區西屯路二段 28-3 號
（04）2312-4339

辰豐
407 台中市西屯區中清路 151 之 25 號
（04）2425-9869

豐榮食品材料
420 台中市豐原區三豐路 317 號
（04）2522-7535

彰化

敬崎（永誠）
500 彰化市三福街 195 號
（04）724-3927

家庭用品店
500 彰化市永福街 14 號
（04）723-9446

億全
500 彰化市中山路二段 306 號
（04）726-9774

永誠
508 彰化縣和美鎮彰新路 2 段 202 號
（04）733-2988

金永誠
510 彰化縣員林鎮員水路 2 段 423 號
（04）832-2811

南投

順興
542 南投縣草屯鎮中正路 586-5 號
（04）9233-3455

信通行
542 南投縣草屯鎮太平路二段 60 號
（04）9231-8369

宏大行
545 南投縣埔里鎮清新里永樂巷 16-1 號
（04）9298-2766

嘉義

新瑞益（嘉義）
660 嘉義市仁愛路 142-1 號
（05）286-9545

雲林

新瑞益（雲林）
630 雲林縣斗南鎮七賢街 128 號
（05）596-3765

好美
640 雲林縣斗六市中山路 218 號
（05）532-4343

彩豐
640 雲林縣斗六市西平路 137 號
（05）534-2450

台南

瑞益
700 台南市中區民族路二段 303 號
（06）222-4417

富美
704 台南市北區開元路 312 號
（06）237-6284

世峰
703 台南市北區大興街 325 巷 56 號
（06）250-2027

玉記（台南）
703 台南市中西區民權路三段 38 號
（06）224-3333

永昌（台南）
701 台南市東區長榮路一段 115 號
（06）237-7115

永豐
702 台南市南區賢南街 51 號
（06）291-1031

銘泉
704 台南市北區和緯路二段 223 號
（06）251-8007

上輝行
702 台南市南區興隆路 162 號
（06）296-1228

佶祥
710 台南市永康區永安路 197 號
（06）253-5223

高雄

玉記（高雄）
800 高雄市六合一路 147 號
（07）236-0333

正大行（高雄）
800 高雄市新興區五福二路 156 號
（07）261-9852

新鈺成
806 高雄市前鎮區千富街 241 巷 7 號
（07）811-4029

旺來昌
806 高雄市前鎮區公正路 181 號
（07）713-5345-9

德興（德興烘焙原料專賣場）
807 高雄市三民區十全二路 101 號
（07）311-4311

十代
807 高雄市三民區懷安街 30 號
（07）381-3275

德麥（高雄）
807 高雄市三民區銀杉街 55 號
（07）397-0415

旺來興（明誠店）
804 高雄市鼓山區明誠三路 461 號
（07）550-5991

旺來興（總店）
833 高雄市鳥松區本館路 151 號
（07）370-2223

茂盛
820 高雄市岡山區前峰路 29-2 號
（07）625-9679

鑫隴
830 高雄市鳳山區中山路 237 號
（07）746-2908

四海（建國店）
802 高雄市苓雅區建國路一段 28 號
（07）740-5815

屏東

啓順
900 屏東市民和路 73 號
（08）723-7896

裕軒（屏東店）
900 屏東市廣東路 398 號
（08）737-4759

裕軒（總店）
920 屏東縣潮州鎮太平路 473 號
（08）788-7835

四海（屏東店）
900 屏東市民生路 180-2 號
（08）733-5595

四海（潮州店）
920 屏東縣潮州鎮延平路 31 號
（08）789-2759

四海（恆春店）
945 屏東縣恆春鎮恆南路 17-3 號
（08）888-2852

四海（東港店）
928 屏東縣東港鎮光復路 2 段 1 號
（08）835-6277

四海（里港店）
905 屏東縣里港鄉里港路 121 號
（08）775-5539

台東

玉記（台東）
950 台東市漢陽北路 30 號
（089）326-505

花蓮

大麥
973 花蓮縣吉安鄉建國路一段 58 號
（03）846-1762

萬客來
970 花蓮市和平路 440 號
（03）836-2628

國家圖書館出版品預行編目資料

孟老師的麵食小點／孟兆慶著.--初版.
-- 新北市：葉子，2014.09
面； 公分. --（銀杏）

ISBN 978-986-615616-8（平裝附數
位影音光碟）

1.麵食食譜 2.點心食譜

427.38 103016162

Ginkgo

孟老師的麵食小點

作　　者／孟兆慶
出　　版／葉子出版股份有限公司
發 行 人／葉忠賢
總 編 輯／閻富萍
封面設計／王人傑
美術設計／趙美惠
攝　　影／孟兆慶
DVD 製作／侯盛偉、侯佳權、宋嘉玲
印　　務／許鈞棋

地　　址／新北市深坑區北深路三段 258 號 8 樓
電　　話／886-2-8662-6826
傳　　真／886-2-2664-7633
服務信箱／service@ycrc.com.tw
網　　址／www.ycrc.com.tw

印　　刷／中山精緻印刷有限公司
ISBN／978-986-6156-16-8
初版一刷／2016 年 1 月
初版八刷／2020 年 12 月
定　　價／新台幣 420 元

總 經 銷／揚智文化事業股份有限公司
地　　址／新北市深坑區北深路三段 258 號 8 樓
電　　話／886-2-8662-6826
傳　　真／886-2-2664-7633